计算机应用职业技术培训教程

数据库系统管理实务

计算机应用职业技术培训教程编委会　编著

丛书主编：许　远

本书执笔人：石　锋　盛　宜　张少应
　　　　　　王　建　顾丹东　陈长征

电子工业出版社

Publishing House of Electronics Industry

北京·BEIJING

内 容 简 介

本书是《计算机应用职业技术培训教程》丛书之一，根据最新的职业教育课程开发方法，以及职业岗位的工作功能和工作过程组织编写而成，体现了以"职业导向，就业优先"的课程理念。全书在编排上由简及繁、由浅入深、循序渐进，力求通俗易懂、简单实用。

本书在内容的组织形式上，结合使用广泛的SQL Server 2000 数据管理系统，按照数据库管理员职业技能的要求，全面介绍了数据库管理的各项基本功能，同时结合实例介绍了数据库管理员需要掌握的基础理论知识。

本书可作为中等职业学校、技工学校数据库系统管理相关专业的教材，以及社会人员自学的教材。

图书在版编目（CIP）数据

数据库系统管理实务/计算机应用职业技术培训教程编委会编著.—北京：电子工业出版社，2009.7

计算机应用职业技术培训教程

ISBN 978-7-121-09012-7

Ⅰ. 数… Ⅱ. 计… Ⅲ. 数据库管理系统—技术培训—教材 Ⅳ. TP311.13

中国版本图书馆 CIP 数据核字（2009）第 091788 号

策划编辑：关雅莉

责任编辑：吴亚芬

印　　刷：北京市天竺颖华印刷厂

装　　订：三河市鑫金马印装有限公司

出版发行：电子工业出版社

　　　　　北京市海淀区万寿路 173 信箱　邮编　100036

开　　本：720×1 000　1/16　印张：16.25　字数：336.7 千字

印　　次：2009 年 7 月第 1 次印刷

印　　数：3 000 册　定价：28.00 元

凡所购买电子工业出版社图书有缺损问题，请向购买书店调换。若书店售缺，请与本社发行部联系，联系及邮购电话：(010) 88254888。

质量投诉请发邮件至 zlts@phei.com.cn，盗版侵权举报请发邮件至 dbqq@phei.com.cn。

服务热线：(010) 88258888。

计算机应用职业技术培训教程

编审委员会名单

前　言

电子信息产业是现代产业中发展最快的一个分支，它具有高成长性、高变动性、高竞争性、高技术性、高服务性和高就业性等特点。

我国已经成为世界级的电子信息产业大国。目前，固定电话和移动电话用户数跃居世界第一位，互联网上网人数也位居世界第一位。产业的发展拉动了就业的增长。该产业的总体就业特征是高技能就业、大容量就业和高职业声望。今后，社会信息化程度将进一步提高，信息技术在通信、教育、医疗、游戏等各行业的应用将日渐深入，软件、硬件技术人才及网络技术人才的需求都保持了上升趋势。尤其是电子信息类企业内部分工渐趋细化和专业化，更需要大量的人才。

大量的人才需求，促进了电子信息产业的职业教育培训迅速发展，培养实用的电子信息产业人才的呼声日渐高涨，大量电子信息类的职业培训机构应运而生。但是，在职业教育培训中如何满足企业需求，体现职业能力一直是一个难点问题。

计算机应用职业技术培训教程编委会的专家们进行了深入的研究，开发了《计算机应用职业技术培训教程》丛书。该丛书根据最新的职业教育课程开发方法，以及职业岗位的工作功能和工作过程组织编写而成，体现了"职业导向，就业优先"的课程理念。

《计算机应用职业技术培训教程》丛书由计算机应用职业技术培训教程编委会编写，作者队伍由信息产业技术、行业企业代表、中高职院校电子信息类相关专业教师共同组成，并由职业培训、课程开发专家进行技术把关。工业和信息产业职业教育教学指导委员会、中国就业培训技术指导中心对本丛书的出版给予了大力支持并进行推荐。

由于本教材编写时间紧、任务重、难度大、模式新，难免存在不足甚至错误之处，敬请读者提出宝贵意见和建议。

编著者
2009 年 6 月

目 录

第1章 操作系统的应用

本章讲述了操作系统应用，主要包括操作系统的概念、操作系统的基本操作、文件的概念、文件的基本操作等内容。通过本章的学习，应该能够了解操作系统和文件的相关概念，掌握操作系统和文件的基本操作方法。

1.1 进入操作系统

1.1.1 操作系统的基础知识

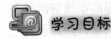 学习目标

➤ 了解计算机操作系统的分类、特性及常用操作系统的种类
➤ 理解操作系统的概念
➤ 掌握计算机操作系统的功能

 相关知识

1. 操作系统的基本概念

操作系统作为计算机系统资源的管理者，它的主要任务是管理并调度计算机系统资源，满足用户程序对资源的请求，提高系统资源利用率，协调各程序对资源的使用冲突。此外，操作系统为用户提供友好的接口和服务，用户可以不必了解计算机硬件工作的细节，而通过操作系统来使用计算机，从而给用户使用计算机提供了方便。

操作系统可以定义为：操作系统是控制和管理计算机系统的硬件和软件资源，合理地组织计算机工作流程，为用户提供便于操作的界面，它是位于计算机软件系统底层的程序集合。

2. 操作系统基本功能

操作系统具有处理器管理功能、存储器管理功能、设备管理功能、文件管理功能和用户接口功能。

1）处理器管理功能

处理器是计算机中最重要的资源，它的时间相当宝贵，如果只有一个用户在使用计算机，那么当他输入命令或者打印文件时处理器都是空闲的，这就大大降低了处理器的使用效率。因此，人们想到使用多道程序同时进行的办法来提高处理器的利用率，但由于处理器的速度极快，所以如何转换处理器为不同程序服务就成了操作系统处理器管理的任务了。处理器管理就是指操作系统根据一定的调度算法对处理器进行分配，并对其运行进行有效的控制和管理。在多道程序的环境下，处理器的分配和运行都是以进程为基本单位的，因而对处理器的管理可归结为对进程的管理，包括进程调度、进程控制、进程同步与互斥、进程通信、死锁的检测与处理等。

2）存储器管理功能

存储器（一般称为主存或内存）是由 RAM（Random Access Memory）和 ROM（Read Only Memory）组成的，它用于存放程序运行的中间数据和系统数据，由于硬件的限制，它的存储容量是有限的。在计算机系统中，为了提高系统资源的利用率，系统内要存放多个交替运行的程序，这些程序共享于存储器，并且彼此之间不能相互冲突和干扰。存储器管理功能的主要任务就是完成对用户作业和进程的内存分配、内存保护、地址映射和内存扩充等工作，为用户提供比实际容量大的虚拟存储空间，从而达到对存储空间的优化管理。

3）设备管理功能

外部设备不仅包括设备的机械部分，还包括控制它的电子线路部分。随着信息社会的发展，计算机外部设备得到了迅速发展，处理器和外部设备之间的接口关系也越来越复杂了，因此，操作系统设备管理功能的主要任务，就是把不了解具体设备技术特性及使用细节的用户的简单请求转化为对设备的具体控制，并充分发挥设备的使用效率，提高系统的总体性能。

4）文件管理功能

计算机要处理大量的数据，这些数据以文件的方式存储于存储设备（如磁盘、磁带、光盘）中，操作系统文件管理功能将这些数据与信息面向于用户并实现按名存取，完成文件在存储介质上的组织和访问，支持对文件检索和修改以及解决文件的共享、保护和保密等问题。

5）用户接口功能

计算机的最终使用者是用户，操作系统通过系统调用为应用程序提供了一个很友好的接口，方便用户对文件和目录的操作、申请和释放内存、对各类设备进行 I/O 操作，以及对进程的控制，此外，操作系统还提供了命令级的接口，用户通过命令操作和程序操作与计算机交互，使计算机系统的使用更加方便和适用。

3. 操作系统的特性

操作系统有四个基本特性：并发性、共享性、虚拟性和不确定性。

1）并发性

并发性是指宏观上在一段时间内能处理多个同时操作和计算重叠，即一个进程的第一个操作在另一个进程的最后一个操作完成之前开始。操作系统必须能够控制和管理各种并发活动，无论这些活动是用户的还是操作系统本身的。

2）共享性

共享是指系统中的硬件和软件资源不再被某个程序所独占，而是供多个用户共同使用。根据资源属性，通常有互斥共享和同时共享两种方式。互斥共享指在一段时间内只允许一个作业访问该资源，这种资源（如打印机或内部链表）只有被一个使用者释放之后才能被另一使用者使用。同时共享指在一段时间内该资源允许由多个进程同时对它进行访问。

3）虚拟性

虚拟的本质含义是把物理上的一个变成逻辑上的多个。前者是实际存在的，后者只是用户的一种感觉。例如，多道程序设计技术能把一台物理 CPU 虚拟为多台逻辑上的 CPU，SpooLing 技术能把一台物理 I/O 设备虚拟为多台逻辑上的 I/O 设备。此外，通过操作系统的控制和管理，还可以实现虚拟存储器、虚拟设备等。

4）不确定性

不确定性是指在操作系统控制下每个作业的执行时间、多个作业的运行顺序和每个作业的所需时间是不确定的。这种不确定性对系统是个潜在的危险，在资源共享时它可能导致与时间有关的错误。

4. 操作系统的分类

1）单用户操作系统

单用户操作系统的基本特征是在一台计算机系统内一次只能支持一个用户程序的运行。个人计算机（PC）上配置的操作系统大多属于这种类型，它提供联机交互功能，用户界面特别友好。

2）多道批处理系统

在这种操作系统的控制下，用户作业逐批地进入系统、逐批地处理、逐批地离开系统，作业与作业之间的过渡不需要用户的干预。多道即在主存内同时有多个正在处理的作业，相互独立的作业在单 CPU 情况下交替地运行或在多 CPU 情况下并行运行。它主要装配在用于科学计算的大型计算机上。

3）分时系统

分时系统一般连接了多个终端，用户通过相应的终端使用计算机。它将 CPU 的整个工作时间分成单独的时间段，从而将 CPU 的工作时间分别提供给多个终端用户。

4）实时系统

在这种操作系统的控制下，计算机系统能对随机发生的外部事件做出及时的响应，在规定的时间内完成对该事件的处理，并有效地控制所有实时设备和实时任务协调地运行。实时系统常有两种类型即实时控制和实时信息处理，前者常用于工业控制、宇航控制、医疗控制，后者常用于联机情报检索、图书管理和航空订票等。

5）网络操作系统

网络操作系统是使网络上各计算机能方便而有效地共享网络资源，为网络用户提供所需服务的软件和有关规程的集合。因此，网络操作系统除了具备存储器管理、处理器管理、设备管理、信息管理和作业管理外，还应具有提供高效、可靠的网络通信能力和多种网络服务能力。网络用户只有通过网络操作系统才能享受网络所提供的各种服务。

6）分布式操作系统

分布式系统具有一个统一的操作系统，它可以把一个大任务划分成很多可以并行执行的子任务，并按一定的调度策略将它们动态地分配到不同的处理站点上执行，分布式操作系统要实现并行任务的分配、并行进程通信、分布机构和分散资源管理等功能。

5. 操作系统的结构

操作系统结构分为模块结构、层次结构和客户/服务器结构

模块结构是指操作系统通过若干个模块共同来完成用户所要求的服务。这种系统的结构关系不清晰，系统的可靠性低；层次结构是把操作系统分成若干个层次，所有功能模块按功能流程图的调用次序，分别排列在这些层，各层之间具有单向的依赖关系；客户/服务器结构是将操作系统分成若干个小的并且自包含的分支（服务器进程），每个分支运行在独立的用户进程中，相互之间通过规范一致的方式接口发送消息，从而把这些进程链接起来。

6. 常用操作系统

目前，常用的操作系统有美国微软公司开发的 Windows 系列、美国 AT&T 公司的分时操作系统 UNIX 和在因特网上产生、发展并不断壮大的 Linux 系统，还有 NetWare、OS/2 等。

1.1.2 操作系统的基本操作

学习目标

➢ 掌握 Windows 2000 操作系统的启动与退出
➢ 掌握 Windows 2000 操作系统的基本操作

操作步骤

1. Windows 2000 的启动与退出

1）Windows 2000 的启动

系统启动后，将自动启动 Windows 2000，首先将打开登录界面。由于 Windows 2000 支持多用户操作及用户个性化设置，为了保证系统安全，在登录系统时 Windows 2000 将进行身份验证，用户必须输入正确的用户名和密码才能登录 Windows 2000。

2）Windows 2000 的退出

在关闭电源之前，应正确退出 Windows 2000，否则可能引起数据丢失或给系统带来一些问题。安全退出 Windows 2000 的操作方法如下。

（1）单击"开始"→"关机"按钮，打开"关闭 Windows"对话框，如图 1-1 所示。

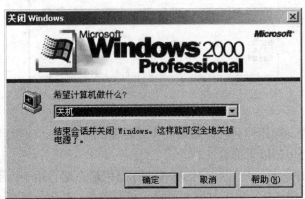

图 1-1 "关闭 Windows" 对话框

（2）单击右边下拉按钮打开列表，选择所需选项，单击"确定"按钮。其中，"注销"为切换计算机用户，"关机"为关闭计算机，"重新启动"为重新启动计算机，"等待"为使计算机进入睡眠等待状态。

2. Windows 2000 的基本操作

1）鼠标的操作

Windows 2000 是一个图形界面操作系统，其基本操作方法是用鼠标选取、移动和激活屏幕上的操作对象。

（1）移动。所谓移动是指将鼠标指针移动到某个特定位置，也称指向。

（2）单击。将鼠标指针指向某个项目后，按下鼠标左键或右键后再放开按键，简称为单击或选择。常见为单击鼠标左键，用于选择该项目。单击鼠标右键通常用于打开对该项目可能操作的快捷菜单。

（3）双击。将鼠标指针指向某个项目后，很快地按两次鼠标左键，称为双击。通常用于执行该项目。

（4）拖动。将鼠标指针指向某个项目后，按住鼠标左键，将鼠标移动到另一位置后放开按键。通常用于移动该项目。

2）窗口的操作

窗口是应用程序和用户交互的主要界面。一般来说，一个应用程序总是在一个或多个窗口中工作。如图 1-2 所示是一个典型的 Windows 2000 窗口，它由以下几部分组成。

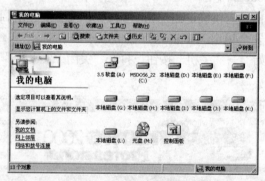

图 1-2　典型的 Windows 2000 窗口

（1）标题栏。标题栏是一个窗口的主要控制部分，拖动标题栏可以实现窗口的移动。标题栏包括以下部分。

① 应用程序图标。应用程序图标位于标题栏最左端，用于标示该应用程序，同时也是控制菜单图标。单击此图标可显示控制菜单，其中包括所有的窗口控制：还原（恢复窗口的大小）、移动、大小（改变窗口的大小）、最小化（将窗口缩小为任务栏上的按钮）、最大化（将窗口放大到整个桌面）、关闭。

② 标题。应用程序按钮右边的文字是窗口的标题，即应用程序的名字。

③ 窗口控制按钮。标题栏右边的三个按钮，依次是"最小化"按钮、"最大化" / "往下还原"按钮、"关闭"按钮。

（2）菜单栏。标题栏的下面是菜单栏，包括应用程序定义的各个菜单项。不同的应用程序有不同的菜单项，但大都包括"文件"、"编辑"、"查看"、"帮助"等菜单项。单击菜单项将打开相应的下拉菜单。在下拉菜单中，单击某个命令项可以执行该命令。

（3）工具栏。工具栏中包含若干个工具图标（按钮），单击这些图标可快速执行相应的命令。不同的应用程序有不同的工具栏。

（4）地址栏。地址栏是输入和显示网页地址的地方，可以输入 Web 页的地址而不需要事先打开 Internet Explorer 浏览器。另外，还可以从地址栏浏览文件夹（在地址栏中输入驱动器名或文件夹名，然后按【Enter】键）或运行程序（输入程序名或组件名，然后按【Enter】键）。

（5）用户区。用户区是窗口中应用程序可以使用的部分，其中有若干个图标，双击这些图标可以打开对应的应用程序窗口或功能对话框。

（6）状态栏。状态栏用于显示与当前窗口操作有关的提示性信息。

（7）滚动条。滚动条包括横向滚动条和纵向滚动条。单击滚动条两端的箭头按钮、拖动滑标、单击滚动条上的某个位置都可以滚动窗口内容。

（8）边框。将光标移到边框上，当光标变成双向箭头时，拖动鼠标可改变窗口的大小。

3）菜单的操作

菜单是系统提供的可操作命令的功能列表。菜单栏上的各类命令称为菜单项，单击菜单项后可展开为下拉菜单，下拉菜单中的每一项称为命令项。

（1）菜单分类。Windows 2000 中主要有"开始"菜单、窗口控制菜单、窗口菜单以及快捷菜单 4 类菜单。

① "开始"菜单。单击"开始"按钮，打开"开始"菜单。"开始"菜单的各菜单项功能如下。

- 程序：显示可运行的各程序菜单项，单击级联菜单中的某个程序名，可运行该程序。
- 文档：包含若干最近打开的文档，由此可以迅速打开调用过的文档。
- 设置：列出能进行系统设置的组件清单，单击某项可以进行相应的系统设置。
- 搜索：用于查找文件、文件夹、计算机或 Internet 上的资源和用户。
- 帮助：可以启动 Windows 2000 的帮助程序，以获得相关的帮助主题。
- 运行：用命令方式运行应用程序或打开文件夹。
- 关机：可以选择"注销"、"关机"、"重新启动"或"等待"选项。

② 窗口控制菜单。单击窗口标题栏左侧的应用程序图标将打开窗口控制菜单，控制菜单的作用和窗口标题栏右侧的控制按钮基本相同。

③ 窗口菜单。大部分窗口菜单位于窗口的菜单栏上。由于窗口菜单的打开方

式是通过菜单项下拉打开的，所以也称为下拉菜单。

④ 快捷菜单。单击鼠标右键，即可打开任意对象的快捷菜单。快捷菜单中包含了与该对象密切相关的一些命令，用户可以快速选择命令以提高工作效率。由于对象的不同，快捷菜单的内容也有所不同，但一般都包含"打开"、"属性"等选项。

（2）菜单命令项功能。

① 命令项的颜色：正常的命令项呈黑色表示用户可以执行，呈灰色的命令项表示当前不能选择执行，如未选取对象时的"复制"、"剪切"命令项。

② 命令项前的标记：命令项前带有"√"标记的表示该命令项已被选用，单击该命令项可以取消该命令；命令项前带有"●"标记的表示该命令项已被选用，并且同类命令项只能选择其中之一，如"我的电脑"→"查看"菜单项下的"大图标"、"小图标"、"列表"、"详细资料"、"缩略图"命令项。

③ 命令项后的标记：命令项后带有"▶"标记的表示该命令项带有级联菜单；命令项后带有"…"标记的表示执行该命令项将打开对话框，用户应进行相应的设置或输入某些信息后才能继续执行。

④ 命令项后的组合字母键：命令项后带有的组合字母键表示该命令项的快捷键，即不需要打开菜单，使用快捷键就可以执行该命令项了。

⑤ 命令项下的标记：命令项下带有"⌄"标记的表示该菜单项下面还有命令项，单击此标记可以展开。

4）对话框的操作

对话框是 Windows 2000 与用户交互信息的一种非常重要的界面元素，通常是一个特殊的窗口，与普通窗口不同的是，对话框一般不能最大化或最小化。有些对话框非常简单，如"确认"对话框；有些对话框非常复杂，如"显示属性"对话框、"打印"对话框等。对话框通常由标题栏、选项卡、文本框、列表框、单选钮、复选框、按钮等组成，如图 1-3 所示是一个典型的"打印"对话框。

对话框中常用组件的功能如下。

① 选项卡：当对话框功能较多时，利用选项卡可以将功能分类存放。

② 单选钮：单选钮用于在一组可选项中只能选择一项。单选钮的选项前面有一个圆圈，被选中的选项圆圈中有一个圆点。

③ 复选框：复选框用于在一组可选项中可以选择若干项。复选框的选项前面有一个方框，被选中的选项方框中有一个对号。

④ 列表框：列表框用于在一组对象列表中选择其中一项。如果列表框容纳不下所显示的对象，则列表框会有滚动条。

⑤ 文本框：文本框用于输入文字信息。

⑥ 按钮：按钮表示一个操作，单击按钮可以执行该项操作。

⑦ 微调按钮：微调按钮用于改变数值大小，可以单击上下箭头或直接输入数值。

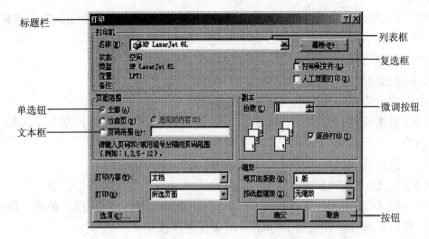

图 1-3　"打印"对话框

3. 运行和退出应用程序

1）运行应用程序

（1）用快捷方式运行。如果应用程序在桌面上创建了快捷方式，双击快捷方式图标则可以运行对应的应用程序。

（2）用"开始"菜单运行。利用"开始"菜单，可以运行应用程序，操作方法如下。

① 单击"开始"→"程序"选项，打开"程序"菜单。

② 单击相应的应用程序选项即可运行该应用程序，打开应用程序窗口。

（3）用命令运行。如果知道应用程序的可执行文件名及所在的文件夹，可以用命令执行，操作方法如下。

① 单击"开始"→"运行"选项，打开"运行"对话框。

② 在"打开"列表框中输入可执行文件名，或单击"浏览"按钮选择可执行文件名。如图 1-4 所示为用命令运行"写字板"应用程序。

图 1-4　用命令运行"写字板"应用程序

③ 单击"确定"按钮。

（4）用"我的电脑"运行。在 Windows 2000 中还可以通过"我的电脑"或"资源管理器"来运行应用程序。通过"我的电脑"来运行"写字板"的操作方法如下。

① 双击"我的电脑"图标，打开"我的电脑"窗口。

② 双击驱动器 C 图标，再双击 "WINNT" 文件夹，双击 "system32" 文件夹。

③ 双击 "write.exe" 文件，即可运行 "写字板" 应用程序。

在 "资源管理器" 中运行应用程序的方法与此类似。

2）退出应用程序

（1）单击应用程序右上角 "关闭" 按钮。

（2）双击应用程序图标，或单击应用程序图标，打开窗口控制菜单选择 "关闭" 命令。

（3）选择应用程序 "文件" → "关闭" 或 "退出" 命令。

（4）按【Alt＋F4】键。

（5）按【Ctrl＋Alt＋Del】键，打开 "Windows 安全" 对话框，单击 "任务管理器" 按钮，选择应用程序，单击 "结束任务" 按钮。

1.2　文件的基本操作

1.2.1　文件的基本知识

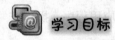 学习目标

- ➢　理解文件、文件夹的概念
- ➢　了解文件的结构

 相关知识

1. 文件

1）文件的概念

文件是存储在磁盘上的一组信息的集合，是计算机组织管理信息的方式。文件可以是一个程序、一批数据或其他的各种信息。任何信息都是以文件的形式存放在磁盘上的，每个文件必须有一个确定的名字，以便与其他文件相区别。

2）文件名

文件名是用来标示文件的，是文件存取信息的标志，不同的系统对文件名的规定有所不同。

在 Windows 系统中，文件的命名规则如下。

（1）文件名可以有两部分：主名和可选的扩展名。主名和扩展名由 "." 分隔。主名长度最大可达到 255 个 ASCII 字符，扩展名最多 3 个字符。

（2）文件名可以由汉字、字母、数字及符号等构成。

3）文件的类型

文件根据不同的数据格式和意义使得每个文件都具有某种特定的类型。Windows 操作系统利用文件的扩展名来区分每个文件的类型。

Windows 操作系统常见的类型如下。

- .com：dos 命令程序。
- .exe：可执行程序。
- .bat：批处理文件。
- .doc：带格式文件。
- .txt：无格式文件。
- .sys：系统文件。
- .hlp：帮助文件。
- .bmp：位图文件。
- .wav：声音文件。
- .avi：活动图像文件。
- .ico：图标文件。

2. 文件夹

为了便于对存放在磁盘上的众多文件进行组织和管理，通常将一些相关的文件存放在磁盘上的某一特定的位置，这个特定的位置就称为文件夹。可以在每个磁盘上建立多个文件夹，而其中的每个文件夹又可划分为多个子文件夹，每个子文件夹还可以再划分为其下一级的多个子文件夹。

每个文件夹都有自己的文件夹名，其命名规则与文件命名规则相同。在文件夹中，可以有文件和文件夹，但在同一文件夹中不能有同名的文件或文件夹。

和文件与文件夹有关的一个重要概念是路径，文件与文件夹的路径是一个地址，它告诉操作系统如何才能找到该文件或文件夹。如写字板的路径是："C:\WINNT\system32\write.exe"。

3. 文件系统的结构

人们常以两种不同的观点去研究文件的结构。一种是用户的观点，用户以文件编制时的组织方式作为文件的组织形式来观察和使用，用户可以直接处理其中的结构和数据，这种结构常称为逻辑结构。另一种是系统的观点，主要研究存储介质上的实际文件结构，即文件在外存上的存储组织形式，称为物理结构或存储结构。

1）文件的逻辑结构

文件的逻辑结构分两种形式：一种是记录式文件，另一种是无结构的流式文件。

（1）记录式文件。记录式文件指由若干个相关的记录组成的文件，文件中的每个记录都编有序号，如记录 1、记录 2、…、记录 N，这种记录称为逻辑记录，其序号称为逻辑记录号。按记录的长度，记录式文件可分为等长记录文件和变长记录文件两类。

（2）流式文件。流式文件指文件是有序的相关数据项的集合。这种文件不再划分成记录，而由基本信息单位字节或字组成，其长度是文件中所含字节的数目，如大量的源程序，库函数等采用的就是流式结构。

2）文件的物理结构

文件的物理结构有很多种，常见的有 3 种，分别为顺序结构、链接结构和索引结构。

（1）顺序结构。一个逻辑文件的信息依次存于外存的若干连续的物理块中的结构称为文件的顺序结构。在顺序文件中，序号为 $j+1$ 的逻辑记录，其物理位置一定紧跟在序号为 j 的逻辑记录后。

顺序结构的优点是连续存取时速度较快，只要知道文件存储的起始块号和文件块数就可以立即找到所需的信息。其缺点是文件长度一经固定便不宜改动，因此，不便于记录的增、删操作，一般只能在末端进行。

（2）链接结构。链接结构是指一个文件不需要存放在存储媒体连续的物理块中，它可以散布在不连续的若干个物理块中，每个物理块中有一个链接指针，它指向下一个链接的物理块位置，从而使存放该文件的物理块中的信息在逻辑组织上是连续的。文件的最后一个物理块的链接指针通常为"∧"，表示该块为链尾。

链接结构采用的是一种非连续的存储结构，文件的逻辑记录可以存放到不连续的物理块中，所以不会造成几块连续区域的浪费。这种结构文件可以动态增、删，只要修改链接字就可将记录插入到文件中间或从文件中删除若干记录。但它只适合顺序存取，不便于直接存取，为了找到一个记录，文件必须从文件头开始逐块查找，直到所需的记录被找到，所以降低了查找速度。

（3）索引结构。索引结构是系统为每个文件建立一张索引表，建立逻辑块号与物理块号的对照表，这种形式组织的文件既可以按索引顺序有顺序地访问某个记录，也可以直接地随机访问某个记录。

索引结构具备链接结构的所有优点，可以直接读/写任意记录，而且便于文件的增删，并且它还可以方便地进行随机存取。其缺点是增加了索引表的空间开销。当增加或删除记录时，首先要查找索引表，这就增加了一次访盘操作，从而降低了文件访问的速度。

索引表是在文件建立时系统自动建立的，并与文件一起存放在同一文件卷上。

一个文件的索引表可以占用一个或几个物理块。存放索引表的物理块叫做索引表块，它可以按串取文件方式组织也可以按多重索引方式组织。

1.2.2 Windows 2000 文件（夹）的基本操作

 **学习目标**

➢ 掌握文件的基本操作
➢ 掌握文件夹的基本操作

 相关知识

文件、文件夹的基本操作包括创建、选取、显示、复制、移动、删除、查找、设置属性等操作。操作的方法可使用菜单、工具栏、快捷菜单等方式。操作的环境可以使用"我的电脑"或"资源管理器"。

1. 建立新文件夹

1）使用"我的电脑"建立
（1）打开"我的电脑"窗口。
（2）选中要放置新文件夹的驱动器或文件夹。
（3）选择"文件"→"新建"→"文件夹"命令，或指向空白位置单击鼠标右键选择"新建"→"文件夹"命令，如图 1-5 所示。

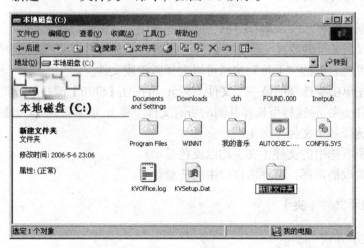

图 1-5 建立文件夹

（4）在窗口内容列表最后将出现一个"新文件夹"，且处于等待编辑状态。
（5）输入新文件夹名，按【Enter】键或单击该文件夹名框外任意位置。

2）在"应用程序"中建立

在"应用程序"中可使用"另存为"对话框中的"新建文件夹"按钮建立新文件夹。以 Word 2000 为例，选择"文件"→"另存为"命令，打开"另存为"对话框，单击"新建文件夹"图标，或指向空白位置单击鼠标右键选择"新建"→"文件夹"命令，如图 1-6 所示。

图 1-6　在"另存为"对话框中建立文件夹

2. 选择文件（夹）

在对某个文件（夹）操作之前，必须先选中它，操作方法如下。

（1）双击某个磁盘或文件夹可以打开该磁盘或文件夹，用工具栏中的"向上"按钮、地址栏右部的"下拉"按钮可以选择磁盘或文件夹。

（2）先单击要选择的第一个文件（夹），再按住【Shift】键并单击要选择的最后一个文件（夹），这样可选择其间的所有文件（夹）；或者按住【Ctrl】键，逐个单击可以选择各个文件（夹）。

（3）所有选中的文件（夹）均以反色显示。

（4）要取消选择，可单击窗口中的任意位置。

3. 显示文件（夹）

1）显示方式

文件（夹）的显示方式通常有如下 4 种方式。

（1）大图标：文件（夹）以大图标方式显示。

（2）小图标：文件（夹）以小图标方式显示。

（3）列表：文件（夹）以列表方式显示，但只显示文件（夹）的名称。

（4）详细资料：文件（夹）以列表方式显示，并显示文件（夹）的名称、类型、修改时间及文件的大小等。

打开"我的电脑"窗口，在"查看"菜单中可以选择某种显示方式。

2）排序方式

将文件（夹）按一定的顺序排列，这样可以比较容易从多个文件（夹）中查找某个具体的文件（夹）。

文件（夹）可以按名称、类型、大小和时间的顺序排列，操作方法如下。

（1）打开"我的电脑"窗口。

（2）选择"查看"→"排列图标"命令，如图 1-7 所示。

（3）分别单击"按名称"、"按类型"、"按大小"、"按日期"命令，可分别将文件（夹）按名称的字母顺序、类型、大小、最后修改日期顺序排序。

4. 文件（夹）的查找

（1）选择"开始"→"搜索"→"文件或文件夹"命令，打开"搜索结果"窗口。

（2）在"要搜索的文件或文件夹名为"文本框中输入需要查找的文件（夹）名，可使用通配符"*"匹配零个或任意个字符，"？"匹配任意一个字符；在"搜索范围"列表框中选择所需驱动器。

（3）单击"立即搜索"按钮。

（4）查找结束后，在右侧窗口将显示查找到的所有文件（夹）的信息，可以对查找到的文件（夹）进行各种操作，如图 1-8 所示。

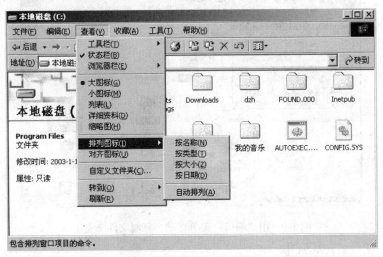

图 1-7　"查看"菜单下"排列图标"的级联菜单

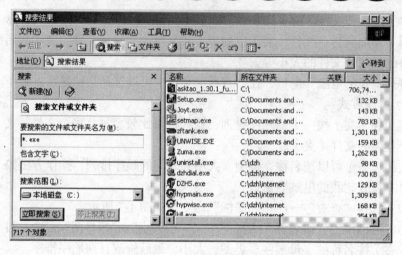

图1-8　"搜索结果"窗口

5. 文件（夹）的移动与复制

（1）打开"我的电脑"窗口。

（2）选中需要移动、复制的文件（夹）。

（3）如果移动文件（夹），则选择"编辑"→"剪切"命令，或指向选中的任意文件（夹）单击鼠标右键选择"剪切"命令；如果复制文件（夹），选择"编辑"→"复制"命令，或指向选中的任意文件（夹）单击鼠标右键选择"复制"命令，如图1-9所示。

图1-9　用"编辑"菜单移动、复制文件（夹）

（4）选择目标文件夹。

（5）选择"编辑"→"粘贴"命令，或指向文件夹任意位置单击鼠标右键选择"粘贴"命令，选中的文件（夹）即被移动或复制到目标文件夹中了。

6. 文件（夹）的重命名

（1）打开"我的电脑"窗口。

（2）选中需要重命名的文件（夹）。

（3）选择"文件"→"重命名"命令，或指向选中的文件（夹）单击鼠标右键选择"重命名"命令，选中的文件（夹）处于等待编辑状态，如图 1-10 所示。

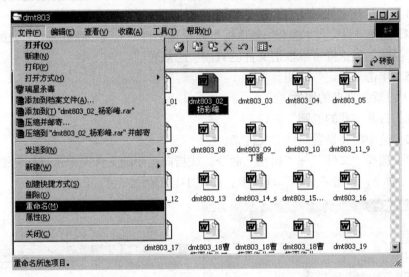

图 1-10　文件重命名

（4）输入新文件（夹）名，按【Enter】键或单击该文件（夹）名框外任意位置。

7. 文件（夹）的删除

（1）打开"我的电脑"窗口。

（2）选中需要删除的文件（夹）。

（3）选择"文件"→"删除"命令，或指向选中的文件（夹）单击鼠标右键选择"删除"命令，打开"确认文件删除"对话框，如图 1-11 所示。

图 1-11　"确认文件删除"对话框

（4）如果确实要删除，单击"是"按钮。

8. 设置文件（夹）的属性

1）设置文件的属性

（1）打开"我的电脑"窗口。

（2）选中需要设置属性的文件。

（3）选择"文件"→"属性"命令，或指向选中的文件单击鼠标右键选择"属性"命令，打开文件属性对话框，如图1-12所示。

（4）选中"只读"、"隐藏"复选框可以设置文件的只读、隐藏属性，去掉"只读"、"隐藏"复选框可以取消文件的只读、隐藏属性。

（5）单击"确定"按钮。

2）设置文件夹的属性

（1）打开"我的电脑"窗口。

（2）选中需要设置属性的文件夹。

（3）选择"文件"→"属性"命令，或指向选中的文件夹单击鼠标右键选择"属性"命令，单击"共享"选项卡，如图1-13所示。

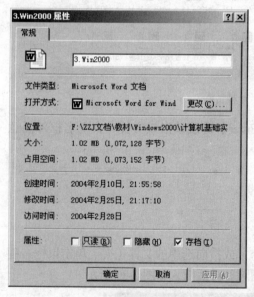

图1-12　文件属性对话框

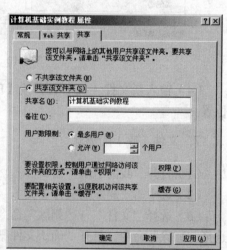

图1-13　文件夹属性对话框

（4）选中"共享该文件夹"单选钮可以设置文件夹的共享属性。

（5）单击"确定"按钮。

本章习题

1. 什么是操作系统？

2. 简述操作系统的功能。

3. 常用操作系统有哪些？

4. 什么是文件？什么是文件夹？

5. 简述文件、文件夹的命名规则。

6. 完成下面操作，不限制操作的方式。

(1) 在 D 盘根目录下创建文件夹"我的文件"。

(2) 在"我的文件"文件夹下创建"我的图片"、"我的音乐"、"我的文档"及"临时文件"4 个文件夹。

(3) 将 C 盘上任意 3 个位图文件（扩展名位.bmp）复制到"我的图片"文件夹中。

(4) 在"临时文件"文件夹下用"写字板"创建一个文件名为"练习"的文本文件，内容任意。

(5) 将"练习"文本文件复制到"我的文档"文件夹中，并将文件名重命名为"文档1"。

(6) 删除"临时文件"文件夹。

(7) 共享"我的音乐"文件夹。

第2章 数据采集

本章讲述了 SQL Server 2000 数据采集的相关知识，主要包括 ER 模型、关系数据模型、SQL Server 2000 数据库的建立、数据字段的分解、数据字段的合并、数据库数据导入/导出的方法和大量数据的导入/导出。

通过本章的学习，应该能够了解数据模型的相关概念，建立 SQL Server 数据库，掌握数据字段的拆分与合并的常用方法，使用 DTS 导入/导出数据库数据，并合理选择导入/导出大量数据的方法。

2.1 数据建模

2.1.1 数据模型

 学习目标

- ➤ 了解数据模型的相关概念
- ➤ 熟悉关系模型
- ➤ 熟悉 ER 模型

 相关知识

1. 定义

模型是对现实世界的抽象。在数据库技术中，用模型的概念描述数据库的结构与语义。"数据模型（Data Model）"是表示实体类型及实体间联系的模型。

数据模型的种类很多，目前被广泛使用的可分为两种类型。一种是在概念设计阶段使用的数据模型，称为概念数据模型。另一种是在逻辑设计阶段使用的数据模型，称为逻辑数据模型。

概念数据模型是独立于计算机系统的数据模型，完全不涉及信息在计算机中的表示，只是用来描述某个特定组织所关心的信息结构。它是按用户的观点对数据建模，强调其语义表达能力的。它应该简单、清晰、易于用户理解，是对现实世界的第一层抽象，是用户和数据库设计人员之间进行交流的工具。这一类数据模型中最著名的是"实体联系模型"。

逻辑数据模型是直接面向数据库的逻辑结构，是对现实世界的第二层抽象。这类数据模型直接与数据库管理系统（DBMS）有关，一般也称为"结构数据模型"。这类数据模型有严格的形式化定义，以便于在计算机系统中实现。它通常有一组严格定义的无二义性语法和语义的数据库语言，人们可以以用这种语言来定义、操纵数据库中的数据。结构数据模型应包含：数据结构、数据操作、数据完整性约束 3 部分。它主要有：层次、网状、关系 3 种模型。

2. 实体联系模型

实体联系模型（Entity Relationship Model，ER 模型）是 P.P.Chen 于 1976 年提出的。这个模型直接从现实世界中抽象出实体及实体间的联系，然后用实体联系图（ER 图）表示数据模型。

1）实体及属性

现实世界中任何可以被认识、区分的事物称为实体。实体可以是人或物，可以是实际的对象或抽象的概念，如一门课程或一个学生。实体所具有的特性叫做属性，一个实体可以由若干属性来描述。例如，学生实体可以有学号、姓名、性别、年龄等属性。具有相同属性的实体的集合称为实体集。例如，全体学生就是一个实体集。

2）数据联系

现实世界中，事物是相互联系的，即实体间可能是有联系的，这种联系必然要在数据库中有所反映。

联系（Relationship）是实体之间的相互关系。这种联系主要表现为两种：一种是实体与实体之间的联系，另一种是实体集内部的联系。

3）实体之间的联系

实体与实体之间的联系可以分为 3 种类型：一对一联系、一对多联系和多对多联系。

（1）一对一联系：假设联系的两个实体集为 E1、E2，若 E1 中每个实体最多和 E2 中的一个实体有联系，反过来，E2 中每个实体至多和 E1 中的一个实体有联系，则 E1 和 E2 的联系称为"一对一联系"，记为"1 ∶ 1"。例如，班级和班长之间的联系。一个班级有一个班长，一个班长也只能是某个班的班长，因此班级和班长之间是一对一的联系。

（2）一对多联系：假设联系的两个实体集为 E1、E2，若 E1 中每个实体可以和 E2 中任意个（零个和多个）实体有联系，而 E2 中每个实体至多和 E1 中一个实体有联系，则 E1 和 E2 的联系称为"一对多联系"，记为"1：N"。例如，部门和职工之间的联系。一个部门可以有多个职工，一个职工只在某个部门工作，因此部门和职工之间是一对多的联系。一对一的联系可以看成是一对多联系的一个特例，即 $n = 1$ 的情况。

（3）多对多联系：假设联系的两个实体集为 E1、E2，若 E1 中每个实体可以和 E2 中任意个（零个和多个）实体有联系，反过来，E2 中每个实体可以和 E1 中任意个（零个和多个）实体有联系，则 E1 和 E2 的联系称为"多对多联系"，记为"M：N"。例如，学生和课程之间的联系。一个学生可以选修多门课程，同样的，一门课程也可以被多个学生选修，因此学生和课程之间是多对多的联系。

【实例 2-1】 学校里的班主任和班级之间（约定一个教师只能担任一个班级的班主任），由于一个班主任至多带一个班级，而一个班级至多有一个班主任，所以班主任和班级之间是一对一联系。学校里的班主任和学生之间，由于一个班主任可以带多个学生，而一个学生至多有一个班主任，所以班主任和学生之间是一对多联系。学校里的教师和学生之间，由于一个教师可以带多个学生，而一个学生可以有多个教师，所以教师和学生之间是多对多联系。

4）实体集内的联系

以上讨论的是两个不同实体之间的联系，这两个实体属于不同的实体集。实际上，同一实体集内的各个实体之间也存在 3 种联系，即一对一、一对多和多对多的联系。

5）ER 图

ER 图是直接表示概念模型的有力工具，在 ER 图中有以下 4 个基本成分。

（1）矩形框：表示实体，并将实体名记入框中。

（2）菱形框：表示联系，并将联系名记入框中。

（3）椭圆形框：表示实体或联系的属性，并将属性名记入框中。对于实体标识符则在下面画一条横线。

（4）连线：实体与属性之间，联系与属性之间用直线连接；实体与联系之间也用直线相连，并在直线端部标注联系的类型（1：1、1：N、M：N）。

【实例 2-2】 为"学生选课系统"设计一个 ER 模型。

（1）首先确定实体。本题有两个实体类型：学生，课程。

（2）确定联系。学生实体与课程实体之间有联系，且为 M：N 联系，命名为选课。

（3）确定实体和联系的属性。学生实体的属性有：学号、班级、姓名、性别、出生日期、地址、电话、电子信箱，其中实体标识符为学号。课程实体的属性有：课程编号、课程名、学分，其中实体标识符为课程编号。选课联系的属性是某学生选修某课程的成绩。

（4）按规则画出"学生选课系统"ER 图，如图 2-1 所示。

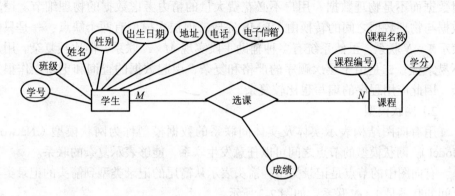

图 2-1   "学生选课系统"ER 图

提示：联系中的属性是实体发生联系时产生的属性，而不应该包括实体的属性、实体标识符。

ER 模型有两个明显的优点：一是简单，容易理解，能够真实反映用户的需求；二是与计算机无关，用户容易接受。因此 ER 模型已成为软件工程的一个重要设计方法。但是 ER 模型只能说明实体间语义的联系，还不能进一步说明详细的数据结构。在数据库设计时，遇到实际问题总是先设计一个 ER 模型，然后再把 ER 模型转换成计算机能实现的结构数据模型，如关系模型。

3. 结构数据模型

数据库系统中所支持的主要数据模型是：层次模型、网状模型、关系模型。

1）层次模型

用树形（层次）结构表示实体及实体间联系的数据模型称为层次模型（Hierarchical Model）。树的节点是记录类型，每个节点代表一种实体类型，上一层记录类型和下一层记录类型之间的联系是 $1:N$ 联系，如图 2-2 所示。

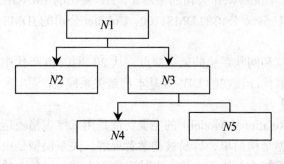

图 2-2   层次模型

层次模型的特点是记录之间的联系通过指针来实现，查询效率较高。与文件系统的数据管理方式相比，层次模型是一个飞跃，用户和设计者面对的是逻辑数据而不是物理数据，用户不必花费大量的精力考虑数据的物理细节。逻辑数据与物理数据之间的转换由 DBMS 完成。但层次模型有两个缺点：一是只能表示 $1:N$ 联系，虽然系统有多种辅助手段实现 $M:N$ 联系，但比较复杂，用户不易掌握；二是由于层次顺序的严格和复杂，引起数据的查询和更新操作很复杂，因此应用程序的编写也比较复杂。

2）网状模型

用有向图结构表示实体及实体间联系的数据模型称为网状模型（Network Model）。网状模型的节点之间可以任意发生联系，能够表示复杂的联系。

有向图中的节点是记录类型，箭头表示从箭尾的记录类型到箭头的记录类型之间的联系是 $1:N$ 联系，如图 2-3 所示。

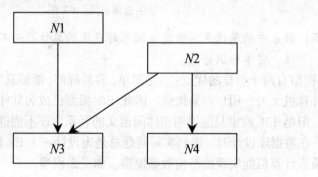

图 2-3　网状模型

网状模型的特点是记录之间联系通过指针实现，$M:N$ 联系也容易实现（一个 $M:N$ 联系可拆成两个 $1:N$ 联系），查询效率较高。网状模型的缺点是数据结构和编程复杂。

1969 年，CODASYL 组织提出 DBTG 报告中的数据模型是网状模型的主要代表。网状模型有许多成功的 DBMS 产品，20 世纪 70 年代的 DBMS 产品大部分是网状系统，例如，Honeywell 公司的 IDS II，HP 公司的 IMAGE3000，Burroughs 公司的 DMS II，Univac 公司的 DMS1100，Cullinet 公司的 IDMS，CINCOM 公司的 TOTAL 等。

由于层次系统和网状系统的天生缺点，从 20 世纪 80 年代中期起其市场已被关系模型产品所取代。现在的 DBMS 基本都是关系模型产品。

3）关系模型

关系模型（Relational Model）的主要特征是用二维表格表达实体集。与前两种模型相比，数据结构简单，容易被初学者理解。关系模型是由若干个关系模式组成的集合。关系模式相当于文件，它的实例称为关系，每个关系实际上是一张二维表格，关系也称为表。表中的每一行称为一个元组，每一列称为一个属性。能够唯一地标示某一个元组的属性或最小属性的组称为关系的关键字。关系模式是对关系的描述，用关系名（属姓名 1，属姓名 2，…，属姓名 n）来表示，在关系模式中，关键字用下画线表示。

在关系模型中，无论是实体还是实体之间的联系，都用关系模式来表示。实体对应于关系，实体的属性对应于关系的属性。通常用实体名作为关系名。联系名对应于关系名，联系的属性及两端实体的关键字对应于关系的属性。例如，有"学生"和"课程"两个实体，可以分别用以下关系模式来表示：

学生（学号，姓名，性别，出生日期）

课程（课程号，课程名，学分）

学生实体和课程实体之间存在选修联系，一个学生可以选修多门课程，一门课程可以被多个学生选修，因此，学生和课程之间的选修联系是多对多的联系。可以用以下关系模式来表示：

选修（学号，课程号，成绩）

其中，学号和课程号分别是学生实体和课程实体的关键字，成绩是选修联系本身的属性。

【实例 2–3】　将实例 2-2 的 ER 模型转换为关系模型。

转换的方法是把 ER 图中的实体和 $M:N$ 的联系分别转换成关系模式，同时在实体标识符下加一横线表示关系模式的关键码。联系关系模式的属性为与之联系的实体类型的关键码和联系的属性，关键码为与之联系的实体类型的关键码的组合。

本题有两个实体类型：学生 s，课程 c。实体 s 与实体 c 之间有联系，且为 $M:N$ 联系，命名为 sc。实体 s 的属性有：学号 sno、班级 class、姓名 sname、性别 sex、出生日期 birthday、地址 address、电话 telephone、电子信箱 email，其中实体标识符为 sno。实体 c 的属性有：课程编号 cno、课程名称 cname、学分 credit，其中实体标识符为 cno。联系 sc 的属性是某学生选修某课程的成绩 score。

表 2-1 为"学生选课系统"的关系模型。

表 2-1　"学生选课系统"关系模型

学生关系模式	s（sno, class, sname, sex, birthday, address, telephone, email）
课程关系模式	c（cno, cname, credit）
选课关系模式	sc（sno, cno, score）

在层次和网状模型中联系是用指针实现的，而在关系模型中基本的数据结构是表格，记录之间联系是通过模式的关键码体现的。关系模型和层次、网状模型的最大差别是用关键码而不是用指针导航数据，其表格简单，用户易懂。用户只

需用简单的查询语句就可以对数据库进行操作了，并不涉及存储结构、访问技术等细节。关系模型是数学化的模型。由于把表格看成一个集合，因此，集合论、数理逻辑等知识可引入到关系模型中来。

20 世纪 70 年代对关系数据库的研究主要集中在理论和实验系统的开发方面。80 年代初才形成产品，但很快得到广泛的应用和普及，并最终取代层次、网状数据库产品。目前基本所有的数据库产品都是关系数据库。典型的关系数据库产品有 Oracle、SQL Server、Sybase、DB2 和微机型产品 FoxPro、Access 等。

2.1.2　数据库的建立

 学习目标

> ➤ 掌握用 SQL-EM 创建 SQL Server 2000 数据库
> ➤ 掌握用 T-SQL 创建 SQL Server 2000 数据库
> ➤ 掌握 SQL Server 2000 数据库的修改
> ➤ 掌握 SQL Server 2000 数据库的删除
> ➤ 掌握 SQL Server 2000 数据库的重命名

 操作步骤

使用 SQL Server 2000 管理数据的第一步是创建数据库，在数据库中才可以进一步创建各种数据对象。在 SQL Server 2000 中，可以使用 SQL 语句、数据库企业管理器（SQL-EM）等方式创建、修改和删除数据库。

1. 创建数据库

1）使用 SQL 语句

SQL 查询分析器是交互式图形工具，它使数据库管理人员或开发人员能够编写查询、同时执行多个查询、查看结果、分析查询计划和获得提高查询性能的帮助。用户可以单击"工具"→"查询分析器"进入查询分析器；也可以通过单击"程序"→"Microsoft SQL Server"→"查询分析器"进入查询分析器。

在查询分析器中用 Transact-SQL（T-SQL）命令创建数据库所使用的语句为 Create DataBase，其基本语法格式为：

```
CREATE DATABASE <数据库名>
[ON
{[PRIMARY]（NAME=<数据文件逻辑文件名>,
FILENAME='<数据文件物理文件名>'
[,SIZE=<数据文件大小>]
```

```
    [,MAXSIZE=<数据文件最大尺寸>]
    [,FILEGROWTH=<数据文件增量>])
    }[,…n]
    ]
[LOG ON
{（NAME=<逻辑文件名>,
    FILENAME='<事务日志文件逻辑文件名>'
    [,SIZE=<事务日志文件大小>]
    [,MAXSIZE=<事务日志文件最大尺寸>]
    [,FILEGROWTH=<事务日志文件增量>])
    }[,…n]
    ]
    [FOR RESTORE]
```

【实例 2-4】　在 D 盘 example 文件夹下创建一个 student 数据库，主文件名 student_data.mdf，事务日志文件名 student_log.ldf。

（1）启动"查询分析器"，输入 SQL 语句，如图 2-4 所示。

图 2-4　创建数据库 student

（2）按【F5】键或单击工具栏"执行查询"图标▶执行 SQL 语句。

【实例 2-5】　在 D 盘 example 文件夹下创建一个 customer 数据库，包含一个数据文件和一个事务日志文件。主数据文件的逻辑文件名为 customer，实际文件名为 customer.mdf，初始容量为 10MB，最大容量为 50MB，自动增长时的递增量为 2MB。事务日志文件的逻辑文件名为 customer_log，实际文件名为 customer_log.1df，初始容量为 5MB, 最大容量为 30MB, 自动增长时的递增量为 1MB。

在查询分析器中输入 SQL 语句并执行, 如图 2-5 所示。

图 2-5　创建数据库 customer

【实例 2-6】　在 D 盘 example 文件夹下创建一个 archive 数据库, 包含 3 个数据文件和两个事务日志文件。主数据文件的逻辑文件名为 arch1, 实际文件名为 archdatl.mdf, 两个次数据文件的逻辑文件名分别为 arch2 和 arch3, 实际文件名分别为 archdat2.ndf 和 archdat3.ndf。两个事务日志文件的逻辑文件名分别为 archlogl 和 archlog2, 实际文件名分别为 archklogl.1df 和 archklog2.1df。上述文件的初始容量均为 5MB, 最大容量均为 50MB, 递增量均为 1MB。

在查询分析器中输入 SQL 语句并执行, 如图 2-6 所示。

图 2-6　创建数据库 archive

2）使用 SQL-EM 创建数据库

这里以创建"student"数据库为例，介绍在 SQL-EM 中如何创建数据库，具体步骤如下。

（1）启动 SQL-EM，指向左侧窗口的"数据库"节点，单击鼠标右键，打开快捷菜单，选择"新建数据库"命令，如图 2-7 所示。

（2）打开"数据库属性"对话框，在常规选项卡中输入要建立的数据库的名字，这里输入"student"，如图 2-8 所示。

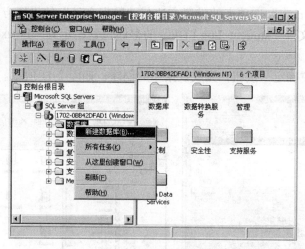

图 2-7　新建数据库

（3）选择"数据文件"选项卡可以指定创建数据库的数据文件的详细信息，包括数据库文件的文件名、位置、初始大小和文件组等信息，以及数据库文件的增长幅度和数据库文件的最大值，如图 2-9 所示。

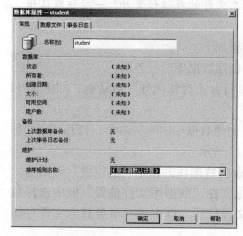

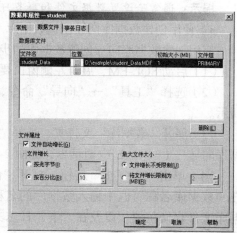

图 2-8　数据库属性—"常规"选项卡　　　图 2-9　数据库属性—"数据文件"选项卡

（4）"数据库文件"框中为所有构成该数据库的数据文件的文件名、存储位置、初始容量和所属文件组，其中第一个文件为主数据文件，要增加次数据文件可以单击下一行后输入有关信息。"文件属性"框中可以指定当数据超过该数据文件的初始容量时该数据文件增长的方式，"最大文件大小"框可以指定该数据文件的最大容量。此处仅将主数据文件"student_Data.mdf"的存储位置指定到"D:\example"，其他使用默认选项。单击"事务日志"选项卡可以指定数据库的事务日志文件的详细信息，如图 2-10 所示。

（5）"事务日志"选项卡的设置方法与"数据文件"的设置方法类似。此处仅将事务日志文件"student_Log.LDF"的存储位置指定到"D:\example"，其他使用默认选项。

（6）单击"确定"按钮，完成数据库的创建，如图 2-11 所示。

图 2-10　数据库属性—"事务日志"选项卡

图 2-11　创建 student 数据库

提示： 通常除设置数据文件和事务日志文件的存储位置外，一般取默认值。

3）使用创建数据库向导创建数据库

使用创建数据库向导创建数据库的步骤如下。

（1）启动 SQL-EM，展开左侧窗口要创建数据库的服务器。

（2）选择"工具"→"向导"命令，打开"选择向导"对话框，如图 2-12 所示。

（3）展开"数据库"文件夹，选择"创建数据库向导"命令，打开"创建数据库向导—（LOCAL）"对话框，如图 2-13 所示。

（4）单击"下一步"按钮，打开"命名数据库并指定它的位置"对话框。在"数据库名称"框中输入数据库的名称，在"数据库文件位置"框中选择数据库文件存储位置，以及在"事务日志文件位置"框中选择事务日志文件存储位置，如图 2-14 所示。

图 2-12　"选择向导"对话框　　图 2-13　"创建数据库向导—（LOCAL）"对话框

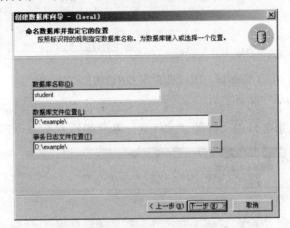

图 2-14　"命名数据库并指定它的位置"对话框

（5）单击"下一步"按钮，打开"命名数据库文件"对话框，输入主数据文件的名称及初始大小，如图 2-15 所示。

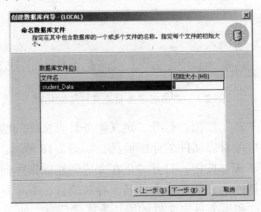

图 2-15　"命名数据库文件"对话框

（6）单击"下一步"按钮，打开"定义数据库文件的增长"对话框。在对话框中可以设置数据文件的详细信息，如图2-16所示。

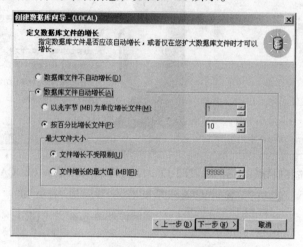

图2-16 "定义数据库文件的增长"对话框

（7）单击"下一步"按钮，打开"命名事务日志文件"对话框。在"事务日志文件"中输入事务日志文件的"文件名"及"初始大小"，如图2-17所示。

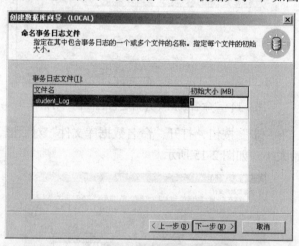

图2-17 "命名事务日志文件"对话框

（8）单击"下一步"按钮，打开"定义事务日志文件的增长"对话框。在该对话框中可以设置事务日志文件的详细信息，如图2-18所示。

（9）单击"下一步"按钮，打开"正在完成创建数据库向导"对话框。在该对话框中列出了数据库名、数据库文件名及存放位置、事务日志文件名及存放位置，以及数据库文件和事务日志文件的增长方式等信息，如图2-19所示。若需修改，可单击"上一步"按钮修改。

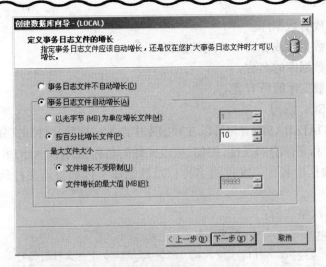

图 2-18　"定义事务日志文件的增长"对话框

图 2-19　"正在完成创建数据库向导"对话框

（10）单击"完成"按钮即完成数据库的创建。

2. 修改数据库

创建数据库后，可以对其原始定义进行修改，修改内容包括：

- 扩充或收缩分配给数据库的数据或事务日志空间。
- 添加或删除数据和事务日志文件。
- 创建文件组。
- 创建默认文件组。
- 更改数据库的配置设置。

- 脱机放置数据库。
- 附加数据库或分离未使用的数据库。
- 更改数据库的名称。
- 更改数据库的所有者。

1）使用 SQL 语句

ALTER DATABASE 语句可以在数据库中添加或删除文件和文件组，也可以用于更改文件和文件组的属性，例如，更改文件的名称和大小。ALTER DATABASE 提供了更改数据库名称、文件组名称以及数据库文件和日志文件的逻辑名称的能力。

其基本语法格式为：

```
ALTER DATABASE <数据库名>
{ADD FILE <文件格式>[,…n] [TO FILEGROUP <文件组名>]
 |ADD LOG FILE <文件格式>[,…n]
 |REMOVE FILE <逻辑文件名>
 |ADD FILEGROUP <文件组名>
 |REMOVE FILEGROUP <文件组名>
 |MODIFY FILE <文件格式>
 |MODIFY FILEGROUP <文件组名> <文件组属性>
}
<文件格式>::=
（NAME=<逻辑文件名>
[,FILENAME='<物理文件名>']
[,SIZE=<文件大小>]
[,MAXSIZE={<文件最大尺寸>|UNLIMITED}]
[,FILEGROWTH=<文件增量>]）
```

其中，ADD FILE 子句指定要添加的数据文件；TO FILEGROUP 子句指定将文件添加到哪个文件组中；ADD LOG FILE 子句指定添加的日志文件；REMOVE FILE 子句指定从数据库中删除文件；ADD FILEGROUP 子句指定添加的文件组，REMOVE FILEGROUP 子句指定从数据库中删除文件组并删除该组中的所有文件；MODIFY FILE 子句指定如何修改所给文件（包括 FILENAME、SIZE、FILEGROWTH 和 MAXSIZE 等选项，且一次只能修改一个选项）；MODIFY FILEGROUP 子句指定将文件组属性应用于该文件组。

【实例 2-7】　将实例 2-5 中的数据库 customer 的主数据文件 customer 的大小调整为 20MB。

在查询分析器中输入 SQL 语句并执行，如图 2-20 所示。

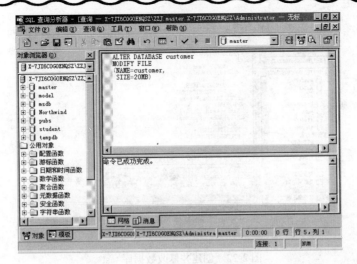

图 2-20　修改数据库 customer

【**实例 2-8**】 将实例 2-5 中的数据库 customer 增加一个次数据文件 customer_1.ndf。

在查询分析器中输入 SQL 语句并执行, 如图 2-21 所示。

图 2-21　修改数据库 customer

【**实例 2-9**】 首先创建一个名为 test 的数据库, 其主数据文件的逻辑文件名和实际文件名分别为 testdatl 和 tdatl.mdf。然后向该数据库中添加一个次数据文件, 其逻辑文件名和实际文件名分别为 testdat2 和 tdat2.ndf。两个数据库文件的初始容量均为 5MB, 最大容量均为 10MB, 递增量均为 20%。

在查询分析器中输入 SQL 语句并执行, 如图 2-22 所示。

图 2-22   创建并修改数据库 test

2）使用 SQL-EM

（1）启动 SQL-EM，展开左侧窗口"数据库"文件夹，指向修改的数据库节点，单击鼠标右键，打开快捷菜单，选择"属性"命令，打开数据库属性对话框，如图 2-23 所示。

（2）单击"数据文件"选项卡，可以对构成该数据库的数据文件进行修改。单击"事务日志"选项卡，可以对构成该数据库的事务日志文件进行修改。其他选项卡的使用与此类似。

（3）单击"确定"按钮，完成对指定数据库的修改。

图 2-23   属性—"数据文件"选项卡

3. 删除数据库

数据库一旦被删除，它的所有信息，包括文件和数据均被从磁盘上物理删除。在 SQL Server 2000 中，可以使用 SQL-EM、SQL 语句等方式删除数据库。

1）使用 SQL 语句

删除数据库不仅可以在企业管理器中进行，也可以通过 T-SQL 的 DROP DATABASE 语句进行删除。不同的是，企业管理器一次只能删除一个数据库，而用 SQL 语句一次可以删除多个数据库。删除数据库语句的基本语法格式为：

```
DROP DATABASE <数据库名>[,...n]
```

若一次要删除多个数据库，则各个数据库名之间用逗号隔开。

提示： 不能删除系统数据库和正在使用的数据库。

【实例 2-10】 删除数据库 test。

在查询分析器中输入 SQL 语句并执行，如图 2-24 所示。

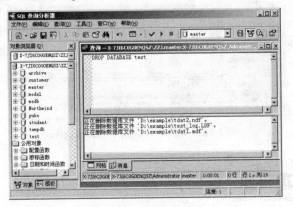

图 2-24 删除数据库 test

提示： 删除的数据库除非做了备份，否则无法恢复。

2）使用 SQL-EM

使用企业管理器删除数据库比较方便，具体操作步骤如下。

（1）启动 SQL-EM，指向左侧窗口要删除的数据库节点，单击鼠标右键，打开快捷菜单，选择"删除"命令，打开"删除数据库-Student"对话框，如图 2-25 所示。

图 2-25 "删除数据库-student"对话框

（2）单击"是"按钮，指定数据库将被删除。

值得注意的是，用这种方法删除数据库，一次只能删除一个数据库。若要删除多个数据库，必须逐个进行。

4. 重新命名数据库

重新命名数据库可以通过执行系统存储过程 sp_renamedb 实现，其基本语法格式为：

```
sp_renamedb '<旧数据库名>', '<新数据库名>'
```

提示：系统数据库和正在使用的数据库无法重新命名。

【**实例 2–11**】 将数据库名称 archive 修改为 arch。

在查询分析器中输入 SQL 语句并执行，如图 2-26 所示。

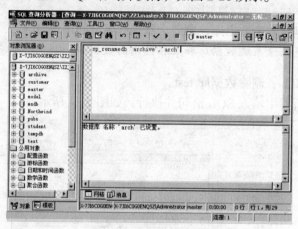

图 2-26　重新命名数据库名称 archive

2.2　数据转换

2.2.1　字段的分解

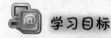
学习目标

➤ 掌握将字段分解为列记录的方法
➤ 掌握将字段分解为行记录的方法

相关知识

字符串是一种基本的数据处理类型，其他类型的数据都可以以字符的形式存储。在实际的数据处理中，由于应用上的需要，字段中可能包含了大量的信息，需要把这些信息根据一定的规则进行分解，或者将一些信息合并在一起。

字符数据字段由字母、符号和数字字符的任意组合组成。为了实际处理的需要，用户可能会在一个字段中，按照指定的数据分隔符，将一批数据（数据分隔符之间的数据成为数据项）存储在一个字段中，在数据处理时，再将它们分解出来，这就是字段的分解问题，下面将针对实例讨论字段的分解。

【实例 2-12】 有如表 2-2 所示的数据表 table1，该表包含 id 和 col 两个字段，其中，字段 col 存储的是以逗号（,）分隔的多个数据项，数据项的个数是不定的，要求将字段 col 中的数据项按逗号（,）分解为多个字段，最终得到如表 2-3 所示的结果。

表 2-2　table1

id	col
1	aa,bb,cc
2	AAA,BBB
3	AAA

表 2-3　字段分解结果

id	col1	col2	col3
1	aa	bb	cc
2	AAA	BBB	NULL
3	AAA	NULL	NULL

对于这种分解要求，可以按照以下的步骤进行处理。

（1）将要分解的数据保存到一个临时表中。

（2）在临时表中新建一列，将待分解的字段中的第一个数据项保存到新建的列中，同时将已经保存到新列的数据项及其后的数据分隔符从待分解的列中清除。

（3）如果步骤（2）的处理中没有影响到任何记录，则转到步骤（4），否则循环步骤（2）的处理。

（4）从临时表中删除待分解的列，以及循环处理中多生成的一个空列。

在查询分析器中输入 SQL 语句并执行，如图 2-27 所示。

除了把字符串字段分解为列记录集外，有时也会要求把字符数据分解为行记录集。

【实例 2-13】 实例 2-12 中表 table1 有两个字段（id, col），存储的数据参见表 2-2。其中，字段 col 是以逗号（,）分隔的数据项，要求将字段 col 中的数据按逗号（,）将其分解为表，希望得到结果：

```
id    col
-----------
1     'aa
1     'bb
1     'cc'
2     'AAA'
2     'BBB'
3     'AAA'
```

图 2-27　字段分解为列记录

在查询分析器中输入 SQL 语句并执行，如图 2-28 所示。

图 2-28　字段分解为行记录

2.2.2　字段的合并

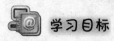 学习目标

➤ 掌握利用 select 语句合并字段的方法

➤ 掌握利用 union 函数合并字段

相关知识

字段的合并是字段的分解处理的逆过程，它是将各数据项，按照指定的数据分隔符组合成一个字符串。同字段分解一样，字段合并时，既可以把数据字段按列合并也可以按行对字段进行合并。下面将针对实例讨论字段合并的方法。

【**实例 2-14**】　有表 table1，col1 varchar（10），col2 varchar（10），col3 varchar（10），包含 3 个字段 col1、col2、col3，其中存储的数据如下：

```
col1            col2            col3
----------------------------------------
a               b               c
d               e               f
```

要求将字段 col1，col2，col3 中的数据合并为一个字段 col，得到如下结果：

```
col
------
a
b
c
d
e
f
```

在查询分析器中输入 T-SQL 语句并执行，如图 2-29 所示。

图 2-29　合并字段示例

【**实例 2-15**】　有表 table1，name varchar（100），course varchar（100），其中存储数据记录如下：

```
name      course
----------------
'张三'     '语文'
'张三'     '数学'
'张三'     '英语'
'李四'     '体育'
'李四'     '语文'
```

要求将该表中具有相同 name 的 course 字段合并，得到结果：

```
name          course
---------------------------------------
'张三'       '语文，数学，英语'
'李四'       '体育，语文'
```

在查询分析器中输入 T-SQL 语句并执行，如图 2-30 所示。

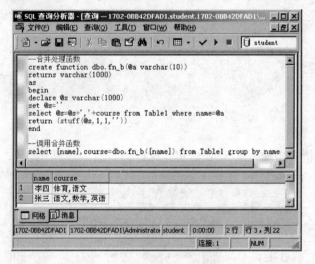

图 2-30　通过函数合并字段

【实例 2-16】　　有如下的一张表 tb（col1 varchar（10），col2 int），存储数据格式如下：

```
col1    col2
------------
a       1
a       2
b       1
b       2
c       3
```

要求得到如下的结果：

```
col1    col2
------------
a       1,2
b       1,2
c       3
```

在查询分析器中输入 T-SQL 语句并执行，如图 2-31 所示。

图 2-31　合并字段

2.3　数据装载

2.3.1　数据导入/导出

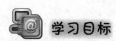 学习目标

➢ 熟悉数据导入/导出的基本概念
➢ 掌握使用 DTS 导入数据
➢ 掌握使用 DTS 导出数据

 相关知识

导入/导出概述

SQL Server 中的数据传输工具，如导入/导出向导、DTS 设计器等可以将数据从一个数据环境传输到另一个数据环境。这里所说的数据环境种类较多，有可能是一种应用程序，也可能是不同厂家的数据库管理系统，也有可能是文本文件、电子表格或电子邮件等。将数据从一个数据环境传输到另一个数据环境就是数据的导入/导出。

导入数据是从 SQL Server 的外部数据源（如 ASCII 文本文件）中检索数据，并将数据插入到 SQL Server 表的过程。导出数据是将 SQL Server 实例中的数据析取为某些用户指定格式的过程，如将 SQL Server 表中的内容复制到 Microsoft Access 数据库中。

SQL Server 提供多种工具用于各种数据源的数据导入和导出，这些数据源包括文本文件、ODBC 数据源（如 Oracle 数据库）、OLE DB 数据源（如其他 SQL Server 实例）、ASCII 文本文件和 Excel 电子表格。

当然，利用数据的导入/导出也可以实现数据库的备份和还原，但它们之间的概念是不同的。

 操作步骤

1. 数据导入

SQL Server 2000 中提供多种工具来完成数据的导入，如 DTS 导入/导出向导、DTS 设计器、DTS 大容量插入数据、BCP 大容量复制程序等。由于使用图形界面的"DTS 导入/导出向导"直观、简单。

【实例 2-17】　使用 DTS 来完成将 Access 数据库 student.mdb 中的数据导入到数据库 student 中的整个过程。

（1）启动 SQL-EM，指向左侧窗口要导入数据的数据库节点，此处为"student"节点。单击鼠标右键，打开快捷菜单，选择"所有任务"→"导入数据"命令，打开"DTS 导入/导出向导"对话框，如图 2-32 所示。

　　提示：也可以选择"开始"→"程序"→"Microsoft SQL Server"→"导入和导出数据"命令启动数据导入/导出向导。

（2）单击"下一步"按钮，打开"选择数据源"对话框。在"数据源"框中选择数据源类型，此处为"Microsoft Access"。在"文件名"框中指定目标文件，此处为"D:\example\student_acess.mdb"，如图 2-33 所示。

图 2-32　"DTS 导入/导出向导"对话框

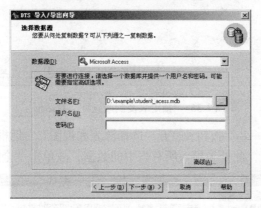

图 2-33　"选择数据源"对话框

（3）单击"下一步"按钮，打开"选择目的"对话框。在"目的"框中选择导出数据的数据格式类型，此处为"用于 SQL Server 的 Microsoft OLE DB 提供程序"。在"数据库"框中选择源数据库，此处为"student"，如图 2-34 所示。

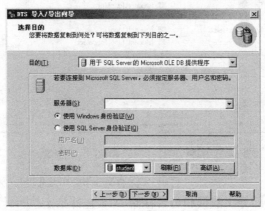

图 2-34　"选择目的"对话框

（4）单击"下一步"按钮，打开"指定表复制或查询"对话框，如图 2-35 所示。选择导入数据的数据来源，此处为"从源数据库复制表和视图"。

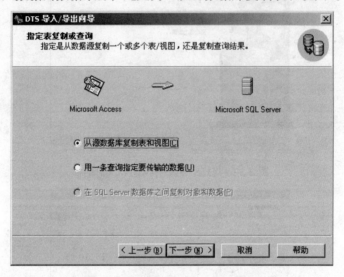

图 2-35　"指定表复制或查询"对话框

（5）单击"下一步"按钮，打开"选择源表和视图"对话框，如图 2-36 所示。选择导入数据的表，此处为导入所有表中的数据，故单击"全选"按钮。

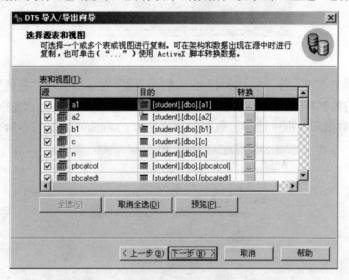

图 2-36　"选择源表和视图"对话框

（6）单击"下一步"按钮，打开"保存、调度和复制包"对话框，如图 2-37 所示。选择是否立即导出数据和是否存储 DTS 包并指定执行计划，此处选择"立即运行"。

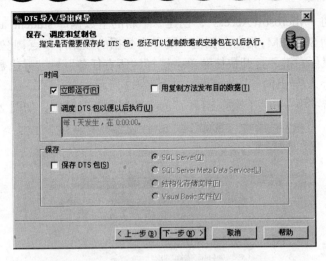

图 2-37 "保存、调度和复制包"对话框

（7）单击"下一步"按钮，打开"正在完成 DTS 导入/导出向导"对话框，如图 2-38 所示。

图 2-38 "正在完成 DTS 导入/导出向导"对话框

（8）单击"完成"按钮，完成数据导入。

2. 数据导出

SQL Server 不仅可以将数据导入，而且也可以将数据导出到其他的数据库、文本文件或 Excel 表格等。下面将介绍使用 DTS 将 SQL Server 数据库中的数据导出到 Access 数据库的过程。

【实例 2-18】 将数据库 student 中的数据导入到 Access 的数据库 student_access 中。

（1）启动"Microsoft Access"，创建一个新的空数据库 student_access。

（2）启动 SQL-EM，指向左侧窗口要导出数据的数据库节点，此处为"student"节点。单击鼠标右键，打开快捷菜单，选择"所有任务"→"导出数据"命令，打开"DTS 导入/导出向导"对话框，如图 2-32 所示。

（3）单击"下一步"按钮，打开"选择数据源"对话框，如图 2-39 所示。

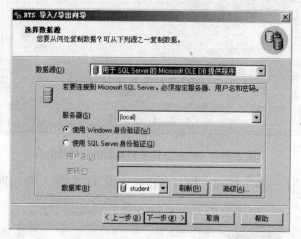

图 2-39　"选择数据源"对话框

（4）在"数据源"框中选择数据源类型，此处为"用于 SQL Server 的 Microsoft OLE DB 提供程序"。在"数据库"框中选择源数据库，此处为"student"。单击"下一步"按钮，打开"选择目的"对话框，如图 2-40 所示。

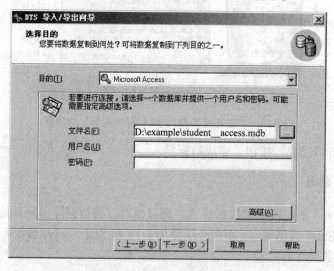

图 2-40　"选择目的"对话框

（5）在"目的"框中选择导出数据的数据格式类型，此处为"Microsoft

Access"。在"文件名"框中指定目标文件，此处为"D:\example\student_access.mdb"。由于访问 Access 数据库可以不需要用户名和密码，所以"用户名"及"密码"可以为空。单击"下一步"按钮，打开"指定表复制或查询"对话框，如图 2-41 所示。

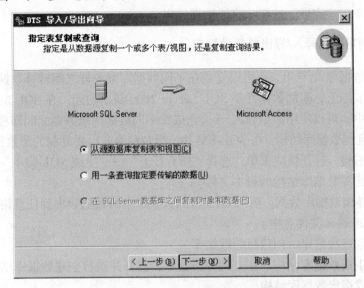

图 2-41 "指定表复制或查询"对话框

（6）选择导出数据的数据来源，此处为"从源数据库复制表和视图"。单击"下一步"按钮，打开"选择源表和视图"对话框，如图 2-42 所示。

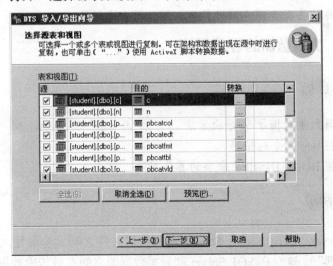

图 2-42 "选择源表和视图" 对话框

（7）选择导出数据的表，此处为导出所有表中的数据，故单击"全选"按钮。单击"下一步"按钮，打开"保存、调度和复制包"对话框，如图 2-37 所示。

（8）选择是否立即导出数据和是否存储 DTS 包并指定执行计划，此处选择"立即运行"。单击"下一步"按钮，打开"正在完成 DTS 导入/导出向导"对话框，如图 2-38 所示。

（9）单击"完成"按钮，完成数据导出。

4. 利用数据导入/导出转移数据库

使用数据导入/导出，也可以完成在不同数据库服务器之间转移数据库，尽管不常用。实际上，附加数据库是 SQL Server 2000 新增功能，在 SQL Server 2000 前期版本中，可以使用数据导入/导出完成在不同数据库服务器之间转移数据库。

（1）复制数据库结构。在 SQL-EM 中，指向左侧窗口要复制的源数据库节点，单击鼠标右键，打开快捷菜单，选择"所有任务"→"生成 SQL 脚本"命令，生成能够创建源数据库结构的脚本文件。

（2）导出数据库数据。使用 DTS 将源数据库中的数据导出到任意格式的目标文件（如 Access 文件）中。

（3）创建数据库。创建目的数据库。

（4）生成数据库结构。在查询分析器中，打开并执行创建数据库结构的脚本文件，生成指定数据库结构。

（5）导入数据库数据。使用 DTS 将目标文件中的数据导入目的数据库。

提示：生成创建数据库结构的脚本文件时，必须在"生成 SQL 脚本"对话框"选项"选项卡中选择安全性脚本和表脚本相关选项，否则恢复的数据库将丢失数据完整性约束、触发器和索引等。

2.3.2 大量数据的导入/导出

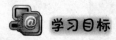 学习目标

➤ 了解大量数据导入/导出方法
➤ 掌握 bcp 命令的使用
➤ 掌握 BULK INSERT 命令的具体用法

相关知识

SQL Server 允许在 SQL Server 表和数据文件之间大容量导入和导出数据（"大容量数据"）。这对在 SQL Server 和异类数据源之间有效传输数据是非常重要的。"大容量导出"是指将数据从 SQL Server 表复制到数据文件。"大容量导入"是指将数据从数据文件加载到 SQL Server 表。例如，可以将数据从 Microsoft Excel 应用程序导出到数据文件，然后将这些数据大容量导入到 SQL Server 表中。

1. 批复制程序

批复制程序（BCP）是一个从 SQL Server 导入/导出数据的命令行形式的程序。它可以在运行 BCP 的机器上把表或视图中的数据导出到一个文件中，该文件可以被发送到另一台计算机或另一个位置上，再导入到另一台计算机上的 SQL Server 数据库中。

BCP 是基于 DB-Library 客户端库的工具。它的功能十分强大，BCP 能够以并行方式将数据从多个客户端大容量复制到单个表中，从而大大提高了装载效率。

BCP 实用工具（Bcp.exe）是一个使用大容量复制程序（BCP）API 的命令行工具。BCP 实用工具可执行以下任务：

- 将 SQL Server 表中的数据大容量导出到数据文件中。
- 从查询中大容量导出数据。
- 将数据文件中的数据大容量导入到 SQL Server 表中。
- 生成格式化文件。

BCP 命令行提示实用工具将 SQL Server 数据复制到某个数据文件或从某个数据文件复制数据。该实用工具最常用于将大量数据从其他程序，通常是另一种数据库管理系统（DBMS）传输到 SQL Server 表中。数据首先从源程序导出到数据文件，然后使用 BCP 将数据从该数据文件导入到 SQL Server 表。另外，BCP 还可以用来将数据从 SQL Server 表传输到数据文件中，以供其他程序使用。例如，可以将数据从 SQL Server 实例复制到某个数据文件，而其他程序可以从该数据文件中导入数据。

BCP 基本语法格式为：

```
BCP {[[database_name.][owner].]{table_name | view_name} }
{in | out | queryout | format} data_file
[-c] [-w] [-T]
```

其中，各参数含义如下。

- database_name：指定的表或视图所在数据库的名称。如果不指定，则使用用户的默认数据库。
- owner：表或视图所有者的名称。如果执行该操作的用户拥有指定的表或视图，则 owner 是可选的。
- table_name：导入或导出的表的名称。
- view_name：导入或导出的视图的名称。
- in | out | queryout | format：指定大容量复制的方向。in 是从文件复制到数据库表或视图，out 是指从数据库表或视图复制到文件。只有从查询中大容量复制数据时，才必须指定 queryout。根据指定的选项（-n、-c、-w、-6 或-N）以及表或视图分隔符，format 将创建一个格式文件。如果

使用 format，则还必须指定-f 选项。

- data_file：导入或导出数据的文件。
- -c：使用字符数据类型执行大容量复制操作。此选项不提示输入每一字段；它使用 char 作为存储类型，不带前缀，\t（制表符）作为字段分隔符，\n（换行符）作为行终止符。
- -w：使用 Unicode 字符执行大容量复制操作。此选项不提示输入每一字段；它使用 nchar 作为存储类型，不带前缀，\t（制表符）作为字段分隔符，\n（换行符）作为行终止符。
- -T：指定 BCP 使用网络用户的安全凭据，通过信任连接到 SQL Server。

尽管使用 BCP 时有大量的选项可用，但是，实际应用中只会用到很少选项。

【实例 2-19】 使用 BCP 将 student 数据库的 sc 表导出为数据文件 d:\sc.txt。导出数据时，采用通过信任连接 SQL Server，不需要 login_id 和 password，需要设定参数-T。

在查询分析器中输入 SQL 语句并执行，如图 2-43 所示。

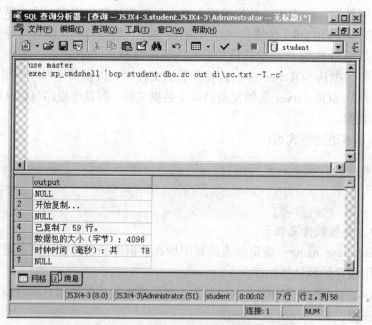

图 2-43 利用 BCP 导出数据库数据到文本文件

注意：

（1）BCP 是实用工具，而不是 Transact-SQL 语句或者系统存储过程，因此，它应该在命令提示符下执行，而不能直接应用于 Transact-SQL 语句中，如果要在 Transact-SQL 语句中调用 BCP 实用工具，应该使用 xp_cmdshell

扩展存储过程。

（2）使用 BCP 实用工具时，必须注意参数的大小写，短横线（-）或者斜杠
（/）均可以作为参数的标识字符，如果参数值包含空格之类的字符，可
以使用双引号（" "）将参数值引起来。

（3）可以使用 BCP 实用工具导出任何扩展名的数据文件，但 BCP 实用工具
生成的数据文件不会根据扩展名生成对应格式的文件，而只是根据导出
数据文件的格式参数生成对应格式的数据文件。

（4）实用 BCP 实用工具将表中的数据导出为文本文件时，如果表中的字符型
数据含有特殊字符，则不能保证该文件可以被 BCP 实用工具导入。

（5）如果从文本文件导入数据，则必须注意文本文件末尾不能包含多余的空
行（以换行符结束，但不包含任何数据的行）。

2. BULK INSERT

BULK INSERT 命令是一个用于处理数据迁移的命令，它用于将数据插入数
据库中。其语法格式为：

```
BULK INSERT [ [ 'database_name'.] [ 'owner' ].]{ 'table_name' FROM
'data_file' }
[ WITH
  (
      [DATAFILETYPE [ =
      { 'char' | 'native'| 'widechar' | 'widenative' } ] ]
      [ [ , ] FIELDTERMINATOR [ = 'field_terminator' ] ]
      [ [ , ] ROWTERMINATOR [ = 'row_terminator' ] ]
  )
]
```

其中，各参数含义如下。

[DATAFILETYPE [={ 'char' | 'native'| 'widechar' | 'widenative' }]]：指定 BULK
INSERT 使用指定的默认值执行复制操作。

- FIELDTERMINATOR [= 'field_terminator']]：指定用于 char 和 widechar
数据文件的字段终止符。默认的字段终止符是\t（制表符）。

- ROWTERMINATOR [= 'row_terminator']]：指定用于 char 和 widechar 数
据文件的行终止符。默认的值是\n（制表符）。

【实例 2-20】　将 d:\sc.txt（前面用 BCP 命令所创建的文件）的数据插入到
student 数据库的表中，其中字段是以制表符作为分隔符的。

在查询分析器中输入 SQL 语句并执行，如图 2-44 所示。

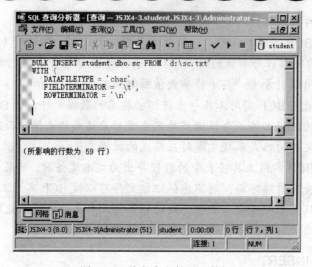

图 2-44　从文本文件导入数据

本章习题

1. 简述数据模型的概念。

2. 什么是概念数据模型？什么是逻辑数据模型？列出常用的概念数据模型和逻辑数据模型。

3. 简述 ER 模型、层次模型、网状模型、关系模型的主要特点。

4. 设某商业集团有 3 个实体集。一是"商品"实体集，属性有商品号、商品名、规格、单价等；二是"商店"实体集，属性有商店号、商店名、地址等；三是"供应商"实体集，属性有供应商编号、供应商名、地址等。同时，供应商与商品之间存在"供应"联系，每个供应商可供应多种商品，每种商品可向多个供应商订购，每个供应商供应每种商品有个月供应量；商店与商品间存在"销售"联系，每个商店可销售多种商品，每种商品可在多个商店销售，每个商店销售每种商品有个月计划数。试画出反映上述问题的 ER 图，并将其转换成关系模型。

5. 如何用企业管理器创建、修改和删除数据库？

6. 如何用 T-SQL 语句创建、修改和删除数据库？

7. 表 a (id int, point varchar (10)) 的结构为：

id	point
1	(12),(34),(56)
2	(12)
3	(34),(5)

要求将字段 point 中的数据项按 (,) 分解，得到结果为：

	id	point
1		(12)
1		(34)
1		(56)
2		(12)
3		(34)
3		(5)

8．利用数据导入/导出可以完成哪些功能？

9．大量数据导入/导出方法有哪些？

第3章 数据库内容更新和维护

本章讲述了 SQL Server 2000 数据库内容更新和维护的方法。主要包括：表的创建、表的编辑、索引管理、数据完整性定义、批数据更新、基本查询、子查询等内容。

表（即关系）是关系数据库中用于存储数据的数据对象，数据只能存储在表中。SQL Server 2000 中有两类表，一类是系统表，是在创建数据库时由 Model 库复制得到的；另一类是用户表。要用数据库存储数据，首先必须创建用户表。

在 SQL Server 2000 中，可以使用 SQL 语句、SQL-EM 等方式创建表。

修改表可以编辑表中的列，也可以编辑表中数据的完整性约束。与创建表相同，可以使用 SQL 语句、SQL-EM 等方式修改表。

索引是数据库中依附于表的一种特殊的对象。当需要从表中检索数据时，如果表中记录没有顺序，必须检索表中每一行记录，这样无疑将是很费时的。SQL Server 2000 提供了类似字典的索引技术，可以迅速地从庞大的表中找到所需要的数据。

数据完整性约束包括：主键完整性约束（primary），唯一完整性约束（unique），外键完整性约束（foreign），非空完整性约束（not null），默认完整性约束（default），检查完整性约束（check）。

当表结构定义完成后，则可以向表中插入数据、修改数据和删除数据。对数据的插入、修改和删除统称为数据的编辑或更新。

在 SQL Server 2000 中，可以使用 SQL 语句、SQL-EM 等方式编辑表中的数据。使用 SQL 语句可以实现批数据的更新。

在 SQL 语句中，SELECT 语句是使用最频繁也是最重要的语句，SQL Server 2000 的所有检索都是由 SELECT 语句完成的。

3.1　数据定义

3.1.1　表的创建

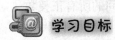 学习目标

➢　理解表的概念
➢　熟悉数据类型
➢　掌握表的创建方法

 相关知识

1. 表的概念

表（即关系）是关系数据库中用于存储数据的数据对象，数据只能存储在表中。SQL Server 2000 中有两类表，一类是系统表，是在创建数据库时由 Model 库复制得到的；另一类是用户表。要用数据库存储数据，首先必须创建用户表。

【实例 3-1】　为"学生选课系统"设计名称为 student 的数据库，用于存储数据。

（1）设计表。"学生选课系统"包括 3 张表。

学生表：s（ <u>sno</u>，class，sname，sex，birthday，address，telephone，email）。

课程表：c（ <u>cno</u>，cname，credit）。

选课表：sc（ <u>sno</u>，<u>cno</u>，score）。

（2）设计数据库。将数据库命名为 student，同时由于本系统数据量有限，所以设计数据库由一个主数据文件和一个事务日志文件构成，并将数据库存储在"D:\example"中。实际上，在"2.1.2 数据库的建立"中已创建了数据库 student。

2. 数据类型

计算机中的数据有两种特征：类型和长度。所谓数据类型是指数据的种类。下面列举 SQL Server 2000 中最常用的数据类型。

1）数值类型

数值类型包括整型和实型两类。

整型包括以下数值。

（1）bigint：占 8 字节的存储空间，存储数据为 $-2^{63} \sim 2^{63}-1$ 之间的所有正负整数。

（2）int（或 integer）：占 4 字节的存储空间，存储数据为 $-2^{31} \sim 2^{31}-1$ 之间的所有正负整数。

（3）smallint：占 2 字节的存储空间，存储数据为 $-2^{15} \sim 2^{15}-1$ 之间的所有正负整数。

（4）tinyint：占 1 字节的存储空间，存储数据为 0～255 之间的所有正整数。

实型包括以下数值。

（1）decimal[（p[,s]）]：小数类型。其中，p 为数值总长度即精度，包括小数位数但不包括小数点，范围为 1～38；s 为小数位数。默认 decimal（18,0）。占 2～17 字节的存储空间，存储数据为 $-10^{38}-1 \sim 10^{38}-1$ 之间的数值。其字节数与精度的关系如表 3-1 所示。

表 3-1　decimal 数据类型精度与字节数

精　　度	字　节　数
1～2	2
3～4	3
5～7	4
8～9	5
10～12	6
13～14	7
15～16	8
17～19	9
20～21	10
22～24	11
25～26	12
27～28	13
29～31	14
32～33	15
34～36	16
37～38	17

（2）numeric[（p[,s]）]：与 decimal[（p[,s]）]等价。

（3）float[（n）]：浮点类型。占 8 字节的存储空间，存储数据为 $-1.79E-308 \sim 1.79E+308$ 之间的数值，精确到第 15 位小数。

（4）real：浮点类型。占 4 字节的存储空间，存储数据为 $-3.40E-38 \sim 3.40E+38$ 之间的数值，精确到第 7 位小数。

2）字符串类型

（1）char[（n）]：定长字符串类型。其中，n 为长度，范围为 1～8000，即可容纳 8000 个 ANSI 字符。若字符数小于 n，系统自动在末尾添加空格；若字符数大于 n，系统自动截断超出部分。默认 char（10）。

（2）varchar[（n）]：变长字符串类型。与 char 不同的是，varchar 存储长度为实际长度，即自动删除字符串尾部空格后存储。默认 char（50）。

（3）text：文本类型，实际也是变长字符串类型，存储长度超过 char（8000）的字符串，理论范围为 $1～2^{31}-1$ 字节，约 2GB。

字符串类型常量两端应加单引号。

由于 varchar 类型数据长度可以变化，处理时速度低于 char 类型数据，所以存储长度大于 50 的字符串的数据才应定义为 varchar 类型。

3）逻辑类型

bit：占 1 字节的存储空间，其值为 0 或 1。当输入 0 和 1 以外的值时，系统自动转换为 1。通常存储逻辑量，表示真与假。

4）二进制类型

（1）binary[（n）]：定长二进制类型。

（2）varbinary[（n）]：变长二进制类型。

（3）image：大量二进制类型，实际也是变长二进制类型。

5）日期时间类型

SQL Server 2000 的日期时间类型数据同时包含日期和时间信息，没有单独的日期类型或时间类型。

（1）datetime：占 8 字节的存储空间，范围为 1753 年 1 月 1 日至 9999 年 12 月 31 日，精确到 1/300s。

（2）smalldatetime：占 4 字节的存储空间，范围为 1900 年 1 月 1 日至 2079 年 12 月 31 日，精确到分。

日期时间类型常量两端应加单引号。如果只指定日期，则时间默认为 12:00:00:000 AM；如果只指定时间，则日期默认为 1900 年 1 月 1 日。如果省略世纪，则年大于等于 50 时默认为 20 世纪，小于 50 时默认为 21 世纪。

6）货币类型

（1）money：占 8 字节的存储空间，具有 4 位小数，存储数据为 $-2^{63}～2^{63}-1$ 之间的数值，精确到 1/10000 货币单位。

（2）smallmoney：占 4 字节的存储空间，具有 4 位小数，存储数据为 $-2^{31}～2^{31}-1$ 之间的数值。

货币类型常量应以货币单位符号作前缀，默认为"￥"。

SQL Server 2000 除了系统提供的数据类型外，如果需要还可以定义新的数据类型，称为"自定义数据类型"。

操作步骤

数据库创建完成后，要在数据库中存储数据，必须创建表。在 SQL Server 2000 中，可以使用 SQL 语句、SQL-EM 等方式创建表。

1. 使用 SQL 语句

创建表语句的基本语法格式为：

```
CREATE TABLE [<数据库名>.]<表名>
（<列名> <数据类型> [<列级完整性约束>][,…n]
[<表级完整性约束>]）
```

在 SQL Server 2000 中，数据完整性约束包括以下内容。

（1）主键完整性约束（primary）：保证列值的唯一性，且不允许为 NULL。

（2）唯一完整性约束（unique）：保证列值的唯一性。

（3）外键完整性约束（foreign）：保证列的值只能取参照表的主键或唯一键的值或 NULL。

（4）非空完整性约束（not null）：保证列的值非 NULL。

（5）默认完整性约束（default）：指定列的默认值。

（6）检查完整性约束（check）：指定列取值的范围。

NULL 不表示空或零，而是表示"不确定"，所以 NULL 与任何值运算结果均为 NULL。

【实例 3-2】　在 student 数据库中，为实例 3-1 的 3 个关系模式 s、c、sc 创建表 s、c、sc。

在查询分析器中输入 SQL 语句并执行，如图 3-1 所示。

图 3-1　创建表 s、c、sc

【实例 3–3】　在有关零件、供应商、工程项目的数据库中，有 4 个关系，其结构如下。

　　供应商关系：S（Sno，SNAME，STATUS，ADDR）

　　零件关系：P（Pno，PNAME，COLOR，WEIGHT）

　　工程项目关系：J（Jno，JNAME，CITY，BALANCE）

　　供应情况关系：SPJ（Sno，Pno，Jno，PRICE，QIY）

　　分别创建表 S、P、J、SPJ。其中，表 SPJ 的 Sno、Pno、Jno 分别为外键，分别参照表 S、P、J 的 Sno、Pno、Jno。

　　在查询分析器中输入 SQL 语句并执行，如图 3-2 所示。

图 3-2　创建表 S、P、J、SPJ

2. 使用 SQL-EM

下面通过实例说明使用 SQL-EM 创建表的方法。

【实例 3–4】　使用 SQL-EM 创建实例 3-1 中的表 sc。

（1）启动 SQL-EM，展开左侧窗口的数据库"student"，指向"表"节点，单击鼠标右键，打开快捷菜单，选择"新建表"命令，打开"新表"窗口，如图 3-3 所示。

（2）依次在"列名"框中输入字段名，"数据类型"框中选择字段的数据类型，"长度"框中输入字段长度。此处为 sno、char、4、cno、char、4、score、smallint、2。

（3）指定主键。此处单击 sno 前按钮选中 sno 字段，按住【Ctrl】键单击 cno 前按钮选中 cno 字段，再单击工具栏"设置主键"按钮，即设置主键为 sno、cno，如图 3-4 所示。

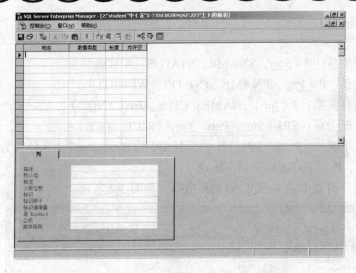

图 3-3 "新表" 窗口

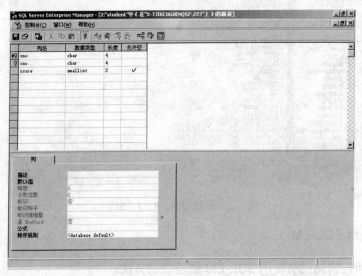

图 3-4 "创建表" 窗口

某些数据类型的长度是系统默认不能修改的，如本例的 smallint。

（4）单击工具栏"保存"按钮，打开"选择名称"对话框，为新建表定义表名。此处为 sc，如图 3-5 所示。

图 3-5 "选择名称"对话框

（5）单击"确定"按钮，完成表的创建。

3.1.2 表的编辑

 学习目标

➢ 掌握修改表的步骤
➢ 掌握删除表的步骤

 操作步骤

1. 修改表

修改表可以编辑表中的列，也可以编辑表中数据的完整性约束。与创建表相同，可以使用 SQL 语句、SQL-EM 等方式修改表。

1）使用 SQL 语句

修改表语句的基本语法格式为：

```
ALTER TABLE [<数据库名>.]<表名>
{[ALTER <列名> <数据类型> [<列级完整性约束>][,…n]]
|ADD <列名> <数据类型> [<列级完整性约束>][,…n]
|DROP <列名> [,…n]
}
```

【实例 3-5】 在表 s 中增加新的列 postcode。

在查询分析器中输入 SQL 语句并执行，如图 3-6 所示。

图 3-6 在表 s 中增加列 postcode

【实例 3-6】 删除表 s 中的列 postcode。

在查询分析器中输入 SQL 语句并执行，如图 3-7 所示。

图 3-7 删除表 s 中的列 postcode

【实例 3-7】 设置表 sc 中的列 sno 为外键。

在查询分析器中输入 SQL 语句并执行，如图 3-8 所示。

图 3-8 设置表 sc 中的列 sno 为外键

【实例 3-8】 为表 sc 的列 score 增加约束。

在查询分析器中输入 SQL 语句并执行，如图 3-9 所示。

2）使用 SQL-EM

下面通过实例说明使用 SQL-EM 定义表中数据完整性约束的方法。

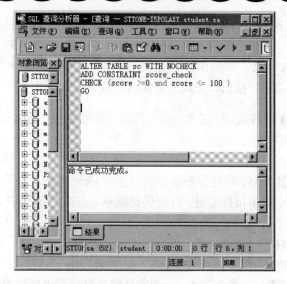

图 3-9 为表 sc 的列 score 增加约束

【实例 3-9】 对表 s，定义 sname 非空完整性约束，sex 默认完整性约束（默认值"男"），email 唯一完整性约束。

（1）启动 SQL-EM，单击左侧窗口数据库 student 中的"表"节点，指向右侧窗口中的表"s"，单击鼠标右键，打开快捷菜单，选择"设计表"命令，打开"设计表"窗口。

（2）单击 sname 行"允许空"列，去掉对勾，设置 sname 非空完整性约束；单击 sex 行，在下方"列"窗口的"默认值"框中输入"男'"，设置 sex 默认完整性约束，如图 3-10 所示。

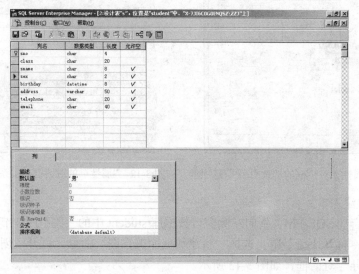

图 3-10 "设计表"窗口

（3）单击工具栏"管理关系"按钮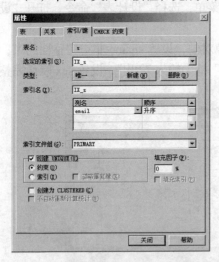，打开"属性"对话框，单击"索引/键"→"新建"，在列名框中选择 email，选中"创建 UNIQUE"复选框，设置 email 唯一完整性约束，如图 3-11 所示。

（4）单击"关闭"按钮，完成完整性约束设置。

【实例 3-10】　对表 sc，定义 sno 为外键，参照表 s 的 sno；定义 cno 为外键，参照表 c 的 cno。

1）方法一

（1）启动 SQL-EM，单击左侧窗口数据库 student 中的"表"节点，指向右侧窗口中的表"sc"，单击鼠标右键，打开快捷菜单，选择"设计表"命令，打开"设计表"窗口。

（2）单击工具栏"管理关系"按钮，打开"属性"对话框，单击"关系"→"新建"，在"主键表"框中选择表 s，列名选择 sno，在"外键表"框中选择表 sc，列名选择 sno，设置 sno 参照 s 表 sno 列的外键完整性约束，如图 3-12 所示。

（3）按同样的方法，单击"新建"按钮，在"主键表"框中选择表 c，列名选择 cno，在"外键表"框中选择表 sc，列名选择 cno，设置 cno 参照 c 表 cno 列的外键完整性约束。

（4）单击"关闭"按钮，完成外键设置。

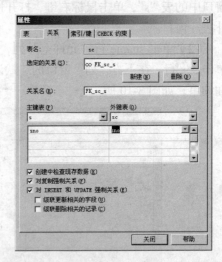

图 3-11　"属性"对话框的"索引/键"选项卡　　　图 3-12　"属性"的对话框"关系"选项卡

2）方法二

（1）启动 SQL-EM，指向左侧窗口数据库 student 中的"关系图"节点，单击鼠标右键，打开快捷菜单，选择"新建数据库关系图"命令，打开"创建数据库关系图向导"对话框，如图 3-13 所示。

（2）单击"下一步"按钮，打开"选择要添加的表"对话框，如图 3-14 所示。

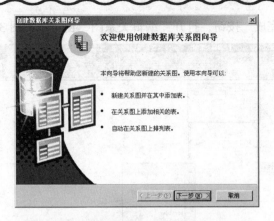

图 3-13　"创建数据库关系图向导"对话框

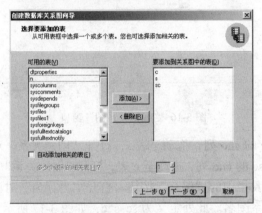

图 3-14　"选择要添加的表"对话框

（3）分别双击"可用的表"框中的 s、c、sc，将表 s、c、sc 添加到"要添加到关系图中的表"框中。单击"下一步"按钮，打开"正在完成数据库关系图向导"对话框，如图 3-15 所示。

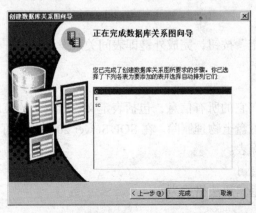

图 3-15　"正在完成数据库关系图向导"对话框

（4）单击"完成"按钮，打开"编辑关系图"窗口，如图3-16所示。

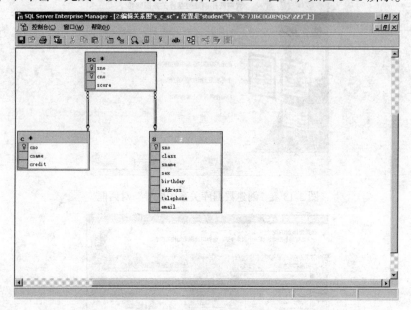

图3-16　"编辑关系图"窗口

（5）指向表 sc 的 sno 列，拖动至表 s，打开"创建关系"对话框，单击"确定"按钮。指向表 sc 的 cno 列，拖动至 c 表，打开"创建关系"对话框，单击"确定"按钮。单击工具栏中的"保存"按钮，打开"另存为"对话框，为新建的数据库关系图定义关系图名。此处定义为 sc_s_c，如图3-17所示。

图3-17　"另存为"对话框

（6）单击"确定"按钮，完成外键即表间关系设置。

2．删除表

表一旦被删除，它的所有信息，包括表定义、数据、约束以及表上的索引、触发器等都将被从磁盘上物理删除。在 SQL Server 2000 中，可以使用 SQL 语句、SQL-EM 等方式删除表。

1）使用 SQL 语句

删除表语句的基本语法格式为：

```
DROP TABLE <表名>
```

【实例 3–11】 删除数据库 student 中的 sc 表。

在查询分析器中输入 SQL 语句并执行，如图 3-18 所示。

图 3-18 删除数据库 student 中的 sc 表

不能删除系统表，外键约束的参考表必须在取消外键约束或删除外键所在表之后才能删除。

2）使用 SQL-EM

（1）启动 SQL-EM，单击左侧窗口要删除的表所在数据库中的"表"节点，指向右侧窗口中要删除的表，单击鼠标右键，打开快捷菜单，选择"删除"命令，打开"除去对象"对话框，如图 3-19 所示。

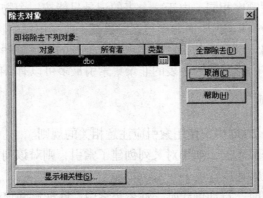

图 3-19 "除去对象"对话框

（2）单击"全部除去"按钮，指定表将被删除。

删除的表除非做了备份，否则无法恢复。

3.1.3 索引管理

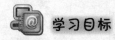 学习目标

➢ 理解索引的概念
➢ 掌握创建索引的方法

 相关知识

索引是数据库中依附于表的一种特殊的对象。当需要从表中检索数据时，如果表中记录没有顺序，必须检索表中每一行记录，这样无疑将是很费时的。SQL Server 2000 提供了类似字典的索引技术，可以迅速地从庞大的表中找到所需要的数据。

1. 索引的概念

要提高检索速度，必须对表中记录按检索字段的大小进行排序。对表中记录按一个（或多个）列的值的大小建立逻辑顺序的方法就是创建索引。索引是表中记录的顺序和实际存储位置的对应表。索引对表中记录建立逻辑顺序，这样在检索数据时，可以先检索索引表然后直接定位到表中的记录，从而极大地提高了检索目标数据的速度。

2. 索引的种类

在 SQL Server 2000 中，索引分为聚集（Clustered）索引（或称聚簇索引）和非聚集（Nonclustered）索引（或称非聚簇索引）两类。所谓聚集索引是指索引的顺序与记录的物理顺序相同。由于一个表的记录只能按一个物理顺序存储，所以一个表只能有一个聚集索引。而非聚集索引是在不改变记录的物理顺序的基础上，通过顺序存放指向记录位置的指针来实现建立记录的逻辑顺序的方法。由于逻辑顺序不受物理顺序的影响，一个表的非聚集索引最多可以有 249 个。

3. 索引的规则

在 SQL Server 2000 中，使用索引应注意相关的规则。
（1）索引是非显示的，如果对某列创建了索引，则对该列检索时将自动调用该索引，以提高检索速度。
（2）创建主键时，自动创建唯一性聚集索引。除非删除该索引，否则不能再创建聚集索引。
（3）创建唯一性键时，自动创建唯一性非聚集索引。
（4）可以创建多列索引，以提高基于多列检索的速度。

（5）索引可以极大地提高检索数据的速度，但维护索引要占一定的时间和空间。所以对经常要检索的列（如姓名）创建索引，对很少检索甚至根本不检索的列以及值域很小的列（如性别）不创建索引。

（6）索引可以根据需要创建或删除，以提高性能。例如，当对表进行大批量数据插入时，可以先删除索引，待数据插入后，再重建索引。

 操作步骤

1. 创建索引

在 SQL Server 2000 中，可以使用 SQL 语句、SQL-EM 等方式创建索引。

1）使用 SQL 语句

创建索引语句的基本语法格式为：

```
CREATE [UNIQUE] [Clustered] INDEX <索引名>
ON [<表名>]（<列名>[DESC][,…]）
```

【实例 3-12】 对表 c，定义列 cname 唯一性非聚集索引。

在查询分析器中输入 SQL 语句并执行，如图 3-20 所示。

图 3-20 创建表 c 列 cname 唯一性非聚集索引

【实例 3-13】 对表 s，定义列 email 唯一性非聚集索引。

分析：由索引的规则可知，创建唯一性键时，自动创建唯一性非聚集索引。在实例 3-12 中已定义 email 为唯一性键，实际上已经自动创建了 email 唯一性非聚集索引。

2）使用 SQL-EM

下面通过实例说明使用 SQL-EM 创建索引的方法。

【实例 3-14】　使用 SQL-EM 创建表 s 列 sname 的非聚集索引。

（1）启动 SQL-EM，单击左侧窗口数据库 student 中的"表"节点，指向右侧窗口中的表"s"，单击鼠标右键，打开快捷菜单，选择"所有任务"→"管理索引"命令，打开"管理索引"对话框，如图 3-21 所示。

（2）单击"新建"按钮，打开"新建索引"对话框，如图 3-22 所示。

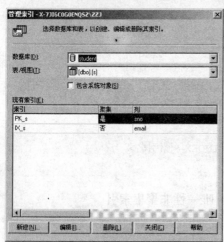

图 3-21　"管理索引"对话框　　　　　　　图 3-22　"新建索引"对话框

（3）在"索引名称"输入框中输入索引名称，此处为"index_sname"。在"列"名框中选择需要创建索引的列，此处为"sname"。设置索引的其他选项，如图 3-23 所示。

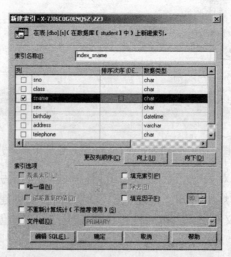

图 3-23　创建表 s 列 sname 非聚集索引

（4）单击"确定"按钮，返回"管理索引"对话框。单击"关闭"按钮，完成创建索引。

2. 删除索引

在 SQL Server 2000 中，可以使用 SQL 语句、SQL-EM 等方式删除索引。
1）使用 SQL 语句
创建索引语句的基本语法格式为：

```
DROP INDEX <表名>.<索引名>[,…]
```

【**实例 3-15**】　删除对表 c 列 cname 唯一性非聚集索引 ix_c。
在查询分析器中输入 SQL 语句并执行，如图 3-24 所示。

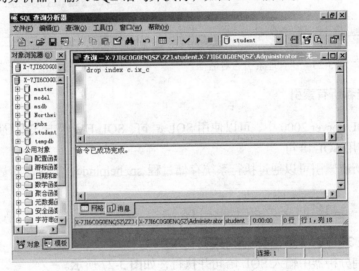

图 3-24　删除表 c 列 cname 唯一性非聚集索引

2）使用 SQL-EM
下面通过实例说明使用 SQL-EM 删除索引的方法。

【**实例 3-16**】　使用 SQL-EM 删除表 s 列 sname 非聚集索引 index_sname。
（1）启动 SQL-EM，单击左侧窗口数据库 student 中的"表"节点，指向右侧窗口中的表"s"，单击鼠标右键，打开快捷菜单，选择"所有任务"→"管理索引"命令，打开"管理索引…"对话框，如图 3-25 所示。
（2）单击需要删除的索引，此处为"index_sname"，单击"删除"按钮，打开"管理索引…"对话框，如图 3-26 所示。
（3）单击"是"按钮，指定的索引将被删除。
在 SQL-EM 中，指向表，单击鼠标右键，选择"所有任务"→"设计表"命令，单击工具栏"管理索引/键"按钮，也可以创建、修改和删除索引，且定义主键和唯一键时创建的索引只能用这种方法删除。

图 3-25 "管理索引"对话框 图 3-26 "管理索引…"对话框

3. 查看所有索引

在 SQL Server 2000 中，可以使用 SQL 语句、SQL-EM 等方式查看所有索引。
1）使用 SQL 语句
查看所有索引可以通过执行系统存储过程 sp_helpindex 实现，其基本语法格
式为：

```
sp_helpindex [@objname=]<表名>
```

【实例 3-17】 查看表 s 所有索引。
在查询分析器中输入 SQL 语句并执行，如图 3-27 所示。

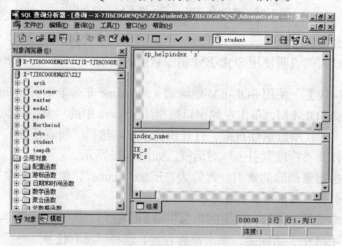

图 3-27 查看表 s 所有索引

2）使用 SQL-EM

启动 SQL-EM，单击左侧窗口指定数据库节点。单击鼠标右键，打开快捷菜单，选择"查看"→"任务板"命令，打开"SQL-EM 任务板"窗口，如图 3-28所示。

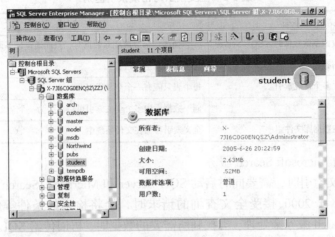

图 3-28　"SQL-EM 任务板"窗口

单击"表信息"选项卡，显示指定数据库所有表的所有索引信息，如图 3-29所示。

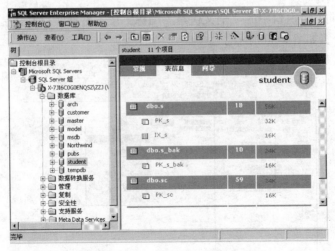

图 3-29　"SQL-EM 任务板"窗口的"表信息"选项卡

4. 全文索引

前面所讲的索引通常是建立在数值字段或较短的字符串字段上的，一般不会选择很长的字段作为索引字段。如果需要对很长的字符串字段检索数据（如

varchar、text等），则需要使用SQL Server 2000的提供的全文索引（Full-Text Index），并通过全文索引实现全文检索。

全文索引是 SQL Server 2000 的新增内容，与常规索引的区别如表 3-2 所示。

表 3-2　全文索引与常规索引区别

常 规 索 引	全 文 索 引
当插入、修改或删除数据时，SQL Server 自动更新索引内容	当插入、修改或删除数据时，只能通过任务调度或执行存储过程来填充全文索引
每个表可以建立多个常规索引	每个表只能有一个全文索引
索引不能分组	同一数据库中多个全文索引可以组织为一个全文目录
常规索引存储在数据库文件组中	全文索引存储在文件系统中

1）启动 Microsoft Search 服务

使用全文索引时，需要同时启动 SQL Server 和 Microsoft Search 两项服务。当 SQL Server 2000 接受全文查询的请求时，会将检索的条件等信息发送给 Microsoft Search 服务来处理。当找到所需要的数据时，再回传给 SQL Server 进行后续操作。如果在安装 SQL Server 2000 时已经安装了 Microsoft Search 服务组件，就可以启动此项服务了。

（1）启动 SQL-EM，单击左侧窗口指定数据库服务器"支持服务"文件夹，如图 3-30 所示。

（2）指向右侧窗口中的"全文检索"图标，单击右键，打开快捷菜单，选择"启动"命令，如图 3-30 所示。

图 3-30　启动全文检索功能

2）建立全文目录

全文目录（Full-Text Catalog）是存放全文索引的地方，其中记录着数据库中设置有全文索引的字段以及更新计划（Schedule）。一个数据库可以有多个全文目录，但全文目录并不是存储在这个数据库中，而是存放在指定的磁盘文件中。

（1）启动 SQL-EM，展开左侧窗口中要建立全文目录的数据库，单击"全文目录"节点，如图 3-31 所示。

图 3-31　新建全文目录

（2）指向右侧窗口中空白区域，单击鼠标右键打开快捷菜单，选择"新建全文目录"命令，打开"新全文目录属性"对话框，如图 3-32 所示。

（3）在"名称"框中为全文索引目录指定一个名称，在"位置"框中输入存放全文目录的完整路径。单击"调度"选项卡，如图 3-33 所示。

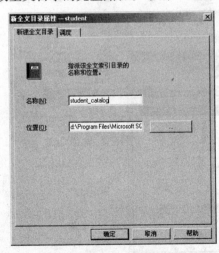

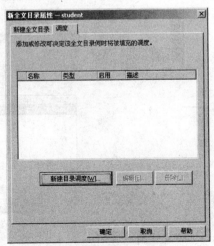

图 3-32　"新全文目录属性"
对话框的"新建全文目录"选项卡

图 3-33　"新全文目录属性"
对话框的"调度"选项卡

（4）单击"新建目录调度"按钮，打开"新全文索引目录调度"对话框，如图 3-34 所示。

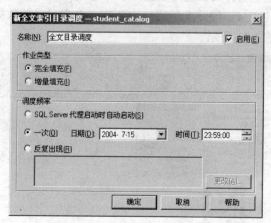

图 3-34 "新全文索引目录调度"对话框

（5）在"名称"框中指定调度的名称。如果允许启用这个调度，选择"启用"复选框。如果要完全填充重建全文目录中的所有条目，可以选择"完全填充"选项；如果要根据表中字段的时间戳来判断哪些内容需要更新，可以选择"增量填充"选项。如果要在 SQL Server 代理启动时自动启动已调度的填充，可以选择"SQL Server 代理启动时自动启动"选项；如果要在指定日期和时间启动一次已调度的填充，可以选择"一次"选项并设定具体的日期和时间；如果要根据显示的调度信息启动已调度的填充，可以选择"反复出现"选项并可以单击"更改"按钮对这个时间表进行修改。单击"确定"按钮，可以查看全文索引更新时间表，如图 3-35 所示。

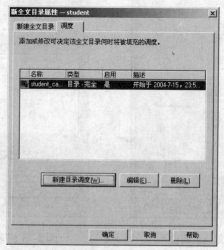

图 3-35 查看全文索引更新时间表

（6）查看新建调度的信息，单击"确定"按钮，开始建立全文目录。如果在SQL-EM左侧窗口指定数据库中单击"全文目录"，可以看到全文目录，如图 3-36所示。

图 3-36 查看全文目录

3）建立全文索引

在一个数据库中建立全文目录后，就可以在该数据库中选择一个表建立全文索引。在一个全文目录中可以存储多个全文索引，但在一个表中只能建立一个全文索引。

（1）启动 SQL-EM，展开左侧窗口中指定数据库，单击"表"节点，如图 3-37所示。

图 3-37 定义全文索引

（2）指向右侧窗口中的指定表，单击鼠标右键打开快捷菜单，选择"全文索引表"→"在表上定义全文索引"命令，打开"全文索引向导"对话框，如图 3-38 所示。

图 3-38　"全文索引向导"对话框

（3）单击"下一步"按钮，打开"选择索引"对话框，如图 3-39 所示。

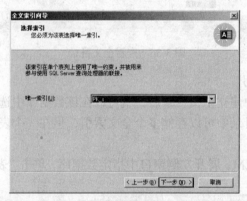

图 3-39　"选择索引"对话框

（4）从"唯一索引"下拉列表中选择一个基于单个字段所建立的唯一索引，单击"下一步"按钮，打开"选择表中的列"对话框，如图 3-40 所示。

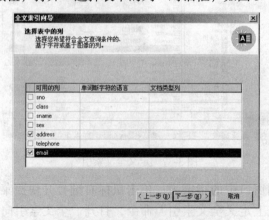

图 3-40　"选择表中的列"对话框

（5）选择希望符合全文查询条件的、基于字符类型（如 char、varchar、text 等）的一个或多个字段。选择了 address 和 email 两个字段。单击"下一步"按钮，打开"选择目录"对话框，如图 3-41 所示。

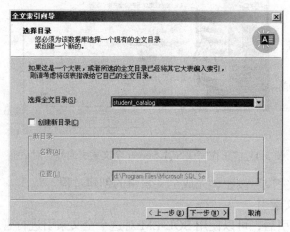

图 3-41 "选择目录"对话框

（6）为该数据库选择一个已经存在的全文目录，用于存储全文索引。也可以选择"创建新目录"新建一个全文目录来存储全文索引。单击"下一步"按钮，打开"选择或创建填充调度（可选）"对话框，如图 3-42 所示。

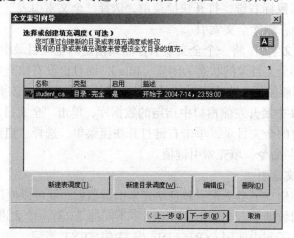

图 3-42 "选择或创建填充调度（可选）"对话框

（7）由于全文索引在添加或修改数据后不会立即更新索引键值，而是要按照指定的填充调度定期进行索引的重建工作，所以需要通过填充调度来安排具体的时间表。选择一个已经存在的填充调度，也可以单击"新建表调度"按钮来新建一个填充调度。单击"下一步"按钮，打开"正在完成 SQL Server 全文索引向导"对话框，如图 3-43 所示。

图 3-43 "正在完成 SQL Server 全文索引向导"对话框

（8）单击"完成"按钮，完成全文索引的创建过程。

4）管理全文索引

建立全文索引后，可以使用 SQL-EM 对这个全文索引进行管理。

（1）修改全文索引。如果要对一个表中的全文索引进行修改，可以在 SQL-EM 中指向该表，单击右键，打开快捷菜单，选择"全文索引表"→"编辑全文索引"命令，启动全文索引向导，修改全文索引。

（2）删除全文索引。如果要删除一个表中的全文索引，可以在 SQL-EM 中指向该表，单击鼠标右键，打开快捷菜单，选择"全文索引表"→"从表中删除全文索引"命令，删除全文索引。

（3）填充全文索引。将一个全文索引存储到指定的全文目录中后，从 SQL-EM 中可以看到这个全文目录的状态为闲置（Idle），而且也没有填充索引键值。在这种情况下，是不能使用全文索引功能的。若要使用全文索引，必须填充全文索引。可以在 SQL-EM 中展开左侧窗口中指定的数据库，单击"全文目录"节点。指向右侧窗口中指定的全文目录，单击右键打开快捷菜单，选择"启动完全填充"或"启动增量填充"命令，填充索引键值。

5）管理全文索引

在一个表中建立了全文索引并且填充索引键值后，就可以使用 SELECT 语句从这个表中检索数据了。与普通的 SELECT 不同的是，对一个表进行全文查询时，需要在 WHERE 子句中使用 CONTAINS 或 FREETEXT 等词。

（1）使用 CONTAINS 进行全文查询

使用 CONTAINS 对一个表进行全文查询时，此时的 SELECT 语句的基本语法格式为：

```
SELECT <字段列表>
FROM <表名>
WHERE CONTAINS(<字段名>|*,'<搜索条件>')
```

其中，字段名是已经注册全文查询的特定字段的名称。星号指定应该使用表中所有已注册为全文查询的字段，对给定的包含搜索条件进行搜索。如果 FROM 子句中有多个表，则星号必须使用表名来加以限定。

【实例 3-18】 检索表 s 列 address 中包含"西安"的学生。

在查询分析器中输入 SQL 语句并执行，如图 3-44 所示。

图 3-44 检索 address 中包含"西安"的学生

【实例 3-19】 检索表 s 列 address 中包含"西安"或"北京"的学生。

在查询分析器中输入 SQL 语句并执行，如图 3-45 所示。

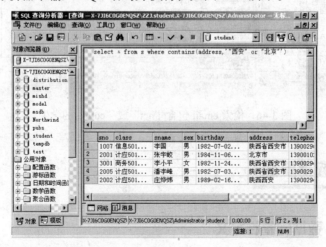

图 3-45 检索 address 包含"西安"或"北京"的学生

（2）使用 FREETEXT 进行全文查询

使用 FREETEXT 进行全文查询时，全文查询引擎将对指定的项目建立一个内部查询，可以从表中搜索一组单词或短语甚至完整的句子。与 CONTAINS 一样，

FREETEXT 也是用在 SELECT 语句的 WHERE 子句中的，此时的 SELECT 语句的基本语法格式为：

```
SELECT <字段列表>
FROM <表名>
WHERE FREETEXT(<字段名>|*,'<自由文本>')
```

其中，字段名给出在建立全文索引时指定的字符串类型字段，星号则表示在建立全文索引时所指定的所有字符串类型字段，字段名或星号指定要在哪些字段中进行搜索，自由文本是由若干个单词构成的短语。

执行全文查询时，被搜索字段中只要包含自由文本中的任何一个单词，则相应的记录都会出现在全文查询的结果集中。

【实例 3-20】　检索表 s 列 email 中包含 "net" 或 "com" 的学生。

在查询分析器中输入 SQL 语句并执行，如图 3-46 所示。

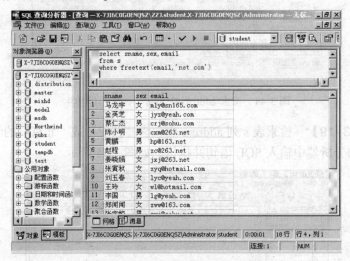

图 3-46　检索 email 包含 "net" 或 "com" 的学生

3.2 数据更新

3.2.1 数据完整性定义

 学习目标

➢ 理解数据完整性的概念

➢ 了解 SQL Server 2000 数据完整性约束的类型

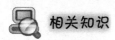 相关知识

1. 数据完整性概念

1）完整性

数据库中的数据完整性是指数据的正确性、有效性和相容性，防止错误的数据进入数据库。所谓正确性是指数据的合法性，例如，数值型数据中只能含数字而不能含字母；所谓有效性是指数据是否属于所定义的有效范围；所谓相容性是指表示同一事实的两个数据应一致，不一致就是不相容。

2）完整性检查和完整性约束

数据完整性包含数据库完整性检查和完整性约束。完整性检查是指检查数据库中数据是否满足规定的条件，在 SQL-EM 中，选择"数据库维护计划"中"完整性选项卡"可以检查数据库完整性，也可以在查询分析器中运行数据库完整性的 OBCC 语句检查数据库完整性；完整性约束是指数据库中数据应该满足的条件，也称完整性规则。

3）完整性规则

关系模型的完整性规则是对数据的约束。关系模型提供了 3 类完整性规则，实体完整性规则、参照完整性规则和用户自定义完整性规则。其中，实体完整性规则和参照完整性规则是关系模型必须满足的完整性约束条件，称为关系完整性规则。

（1）实体完整性规则。实体完整性规则要求元组的主键值不能相同或为 NULL，其中，NULL（空值）表示不确定，不是零也不是空字符串。实际上，主键在关系中是唯一和确定的才能有效地标示每一个元组。

（2）参照完整性规则。参照完整性规则要求元组的外键值只能取参照关系的主键值或 NULL（当外键同时为主键时则不能取 NULL）。实际上，正是通过外键，将关系（参照关系和依赖关系）联系起来的。外键和相应的主键可以不同名，但必须具有相同的值域。

（3）用户自定义完整性规则。用户自定义完整性规则是对某一具体数据的约束条件。实际上，用户自定义完整性规则反映了某一具体应用所涉及的数据必须满足的语义要求。例如，学生的性别只能是男或女，学生的成绩必须大于等于 0 等。

2. SQL Server 2000 数据完整性约束

（1）主键完整性约束（primary）：保证列值的唯一性，且不允许为 NULL。

（2）唯一完整性约束（unique）：保证列值的唯一性。

（3）外键完整性约束（foreign）：保证列的值只能取参照表的主键或唯一键的值或 NULL。

（4）非空完整性约束（not null）：保证列的值非 NULL。

（5）默认完整性约束（default）：指定列的默认值。

（6）检查完整性约束（check）：指定列取值的范围。

具体操作参照 3.1 节数据定义和 7.1 节数据完整性。

3.2.2 批数据更新

 学习目标

> ➤ 掌握用 SQL-EM 进行数据的编辑或更新的方法
> ➤ 掌握用 SQL 语言进行数据编辑或更新的方法

 操作步骤

表是由表结构和记录两部分组成的，定义表实际上是定义了表的结构。当表结构定义完成后，则可以向表中插入数据、修改数据和删除数据。对数据的插入、修改和删除通称为数据的编辑或更新。

在 SQL Server 2000 中，可以使用 SQL 语句、SQL-EM 等方式编辑表中的数据。使用 SQL 语句可以实现批数据的更新。

1. 使用 SQL-EM

（1）启动 SQL-EM，单击左侧窗口要编辑记录的表所在数据库中的"表"节点，指向右侧窗口中要编辑记录的表，单击鼠标右键，打开快捷菜单，选择"打开表"→"返回所有行"命令，打开"表中数据"窗口，如图 3-47 所示。

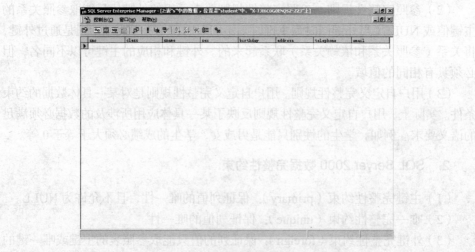

图 3-47　"表中数据"窗口

（2）如果需要插入数据，可以直接录入；如果需要删除记录，可以单击记录第一个列前的按钮选中该记录，按【Del】键；如果需要修改数据，可以单击或将光标移至需要修改的位置，直接修改。

（3）编辑完毕，单击工具栏中的"关闭"按钮，保存编辑结果。

2. 使用 SQL 语句

1）INSERT（插入记录）语句

在创建表或修改表时指定。

INSERT 语句的基本语法格式有两种。

> 格式一：`INSERT [INTO] <表名>[(<列名表>)] VALUES(<值列表>)`

该语句完成将一条新记录插入一个已经存在的表中。其中，值列表必须与列名表一一对应。如果省略列名表，则默认表的所有列。

【实例 3–21】　在表 s 中插入一学生，学号为"1001"，班级为"信息 501"，姓名为"黄鹏"，性别为"男"，出生日期为"1981 年 10 月 12 日"，住址"江苏省常州市"，电话"13905190335"，电子信箱为"hp@163.net"。

在查询分析器中输入 SQL 语句并执行，如图 3-48 所示。

图 3-48　插入所有列

【实例 3–22】　在表 s 中插入一学生，学号为"2001"，班级为"计应 501"，姓名为"张宇蛟"，性别为"男"，出生日期为"1984 年 11 月 6 日"，电子信箱为

"zyj@sohu.net"。

在查询分析器中输入 SQL 语句并执行，如图 3-49 所示。

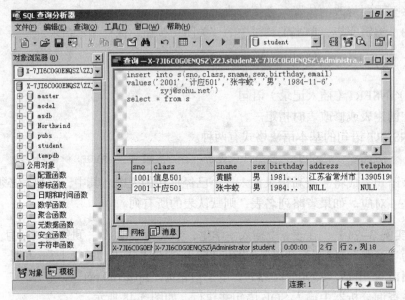

图 3-49　插入部分列

> **格式二：** INSERT [INTO] <目标表名>[(<列名表>)]
> 　　　　　 SELECT <列名表> FROM <源表名> WHERE <条件>

该语句完成将源表中所有满足条件的记录插入目标表。其中，目标表的列名表必须与源表的列名表一一对应。如果省略目标表的列名表，则默认目标表的所有列。

【**实例 3-23**】 将表 s 的男生记录插入表 s_bak 中。假设表 s_bak 已存在，且结构与表 s 相同。

在查询分析器中输入 SQL 语句并执行，如图 3-50 所示。

当插入违背了完整性约束时，则插入失败。例如，若目标表已存在与源表同关键字的记录时，则一条记录都不会插入，不会仅插入不同关键字的记录。

2）DELETE（删除记录）语句

DELETE 语句的基本语法格式为：

> DELETE [FROM] <表名> [WHERE <条件>]

该语句完成删除表中满足条件的记录。其中，如果省略条件，则删除所有记录。

【**实例 3-24**】 删除表 s_bak 中的所有男生。

在查询分析器中输入 SQL 语句并执行，如图 3-51 所示。

图 3-50 插入表中数据

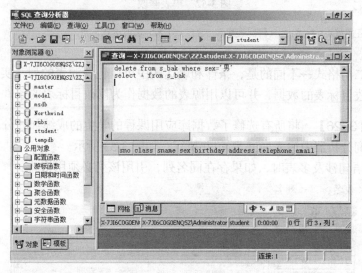

图 3-51 删除记录

3）UPDATE（修改记录）语句

UPDATE 语句的基本语法格式有两种。

格式一：UPDATE <表名> SET <列名>=<表达式>[,…] [WHERE <条件>]

该语句完成对表中满足条件的记录，将表达式的值赋予指定列。其中，如果省略条件，则默认所有记录，并可以一次给多个列赋值。

【实例 3-25】 将表 s 中学号为"2001"的学生的住址改为"北京市"，电话改为"13900102329"。

在查询分析器中输入 SQL 语句并执行，如图 3-52 所示。

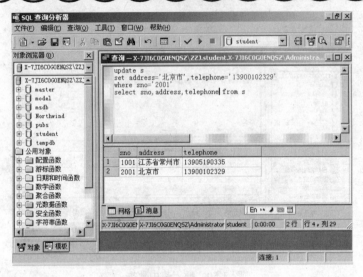

图 3-52　单表修改

> 格式二：UPDATE <目标表名> SET <列名>=<表达式>[,…]
>
> 　　　　　　FROM <源表名> [WHERE <条件>]

格式二与格式一不同的是，条件和表达式中可以包含源表的列，实现用源表的数据修改目标表的数据，并可以用源表的数据作为修改目标表的条件。

【实例 3-26】　将所有选修了数据库应用课程的学生的成绩加 5 分。

在查询分析器中输入 SQL 语句并执行，如图 3-53 所示。

SQL 语句涉及多表时，如果存在同名列，引用该列必须用格式：

> <表名>．<列名>

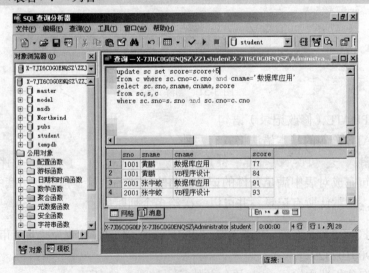

图 3-53　表间数据修改

3.3 数据处理

3.3.1 基本查询

 学习目标

➢ 掌握 Transact-SQL 运算符和函数
➢ 熟练掌握 SELECT 语句的应用

 相关知识

Transact-SQL 是 SQL Server 2000 的编程语言。在介绍 SQL Server 2000 的 SELECT 语句前,先简要介绍一下 Transact-SQL 语言中有关数据运算的相关内容。

1. Transact-SQL 运算符

1)算术运算符
算术运算符可以对数值类型或货币类型数据进行运算。
算术运算符包括: +(加)、–(减)、*(乘)、/(除)、%(取余)。
此外,“ +、–”运算符也可以对 datetime、smalldatetime 类型数据进行运算。
2)字符串运算符
字符串运算符可以对字符串、二进制串进行连接运算。
字符串运算符为: +。
3)关系运算符
关系运算符可以在相同的数值类型(除 text、image 外)间进行运算,并返回逻辑值 TURE(真)或 FALSE(假)。
关系运算符包括: =(等于)、>(大于)、<(小于)、>=(大于等于)、<=(小于等于)、<>(不等于)、!=(不等于)、!>(不大于)、!<(不小于)。
4)逻辑运算符
逻辑运算符可以对逻辑值进行运算,并返回逻辑值 TURE(真)或 FALSE(假)。
逻辑运算符包括:NOT(非)、AND(与)、OR(或)、BETWEEN(指定范围)、LIKE(模糊匹配)、ALL(所有)、IN(包含于)、ANY(任意一个)、SOME(部分)、EXISTS(存在)。
5)赋值运算符
赋值运算符可以将表达式的值赋给一个变量。
赋值运算符为: =。

2. Transact-SQL 函数

1）数学函数

数学函数通常返回需要运算的数据的数值。常用的数学函数如表 3-3 所示。

表 3-3　常用数学函数

函 数 类 型	函 数 格 式	函 数 值
三角函数	SIN（float_expr）	正弦
	COS（float_expr）	余弦
	TAN（float_expr）	正切
	COT（float_expr）	余切
反三角函数	ASIN（float_expr）	反正弦
	ACOS（float_expr）	反余弦
	ATAN（float_expr）	反正切
角度弧度 转换函数	DEGREES（numeric_expr）	弧度转换为角度
	RADIANS（numeric_expr）	角度转换为弧度
幂函数	SQRT（float_expr）	平方根
	EXP（float_expr）	指数
	LOG（float_expr）	自然对数
	LOG10（float_expr）	常用对数
	POWER（numeric_expr,x）	x 的幂
近似值函数	ROUND（numeric_expr,length）	将表达式取整到指定长度
	CEILING（numeric_expr）	大于等于表达式的最小整数
	FLOOR（numeric_expr）	小于等于表达式的最大整数
符号函数	ABS（numeric_expr）	绝对值
	SIGN（numeric_expr）	整数取 1，负数取 – 1，零取 0
其他函数	RAND（[seed]）	0～1 间随机数，seed 为种子数
	PI（）	圆周率，常量 3.141 592 653 589 793

2）字符串函数

大多数字符串函数只能用于 char 和 varchar 数据类型以及明确转换成 char 和 varchar 的数据类型。个别字符串函数也能用于 binary 和 varbinary 数据类型。常用的字符串函数如表 3-4 所示。

表 3-4　常用字符串函数

函 数 类 型	函 数 格 式	函 数 值
转换函数	ASCII（char_expr）	最左端字符的 ASCII 码值

续表

函 数 类 型	函 数 格 式	函 数 值
取子串函数	CHAR（integer_expr）	相同 ASCII 码值的字符
	STR（float_expr[,length[,decimal]]）	数值转换为字符串，length 总长度，decimal 小数位数
	LOWER（string_expr）	转换为小写字母
	UPPER（string_expr）	转换为大写字母
	LEFT（string_expr,length）	左取子串
	RIGHT（string_expr,length）	右取子串
	SUBSTRING（string_expr,star,length）	取子串
删除空格函数	LTRIM（string_expr）	删除左空格
	RTRIM（string_expr）	删除右空格
字符串比较函数	CHARINDEX（string_expr1,string_expr2）	字符串 1 在字符串 2 中起始位置
	SOUNDEX（string_expr）	字符串转换为 4 位字符码
	DIFFERENCE（string_expr1,string_expr2）	字符串 1 与字符串 2 的差异
字符串操作函数	LEN（string_expr）	字符串长度
	SPACE（integer_expr）	产生空格
	REPLICATE（string_expr,integer_expr）	重复字符串
	STUFF（string_expr1,star,length,string_expr2）	替换字符串
	REVERSE（string_expr）	反转字符串

3）日期时间函数

日期时间函数就是处理日期和时间数据。常用的日期时间函数如表 3-5 所示，表 3-6 为 Datepart 的格式。

表 3-5　常用日期时间函数

函 数 格 式	函 数 值
GETDATE（）	系统当前日期和时间
YEAR（date）	指定日期的年
MONTH（date）	指定日期的月
DAY（date）	指定日期的日
DATEPART（datepart,date）	日期的 datepart 部分的数值形式
DATENAME（datepart,date）	日期的 datepart 部分的字符串形式
DATEADD（datepart,number,date）	日期加，即日期 datepart 部分加数值后的新日期
DATEDIFF（datepart,date1,date2）	日期减，即日期 1 与日期 2 的 datepart 部分相差的值

表 3-6　Datepart（日期类型）取值表

日 期 类 型	缩 写	数 值 范 围
year	yy	1753～9999
quarter	qq	1～4
month	mm	1～12
day of year	dy	1～366
day	dd	1～31
week	wk	0～51
weekday	dw	1～7（星期日为 1）
hour	hh	0～23
minute	mi	0～59
second	ss	0～59
milliseconds	ms	0～999

【实例 3-27】　计算香港回归已经有多少年、多少天，今天以后 15 个月是哪一天。

在查询分析器中输入 SQL 语句并执行，如图 3-54 所示。

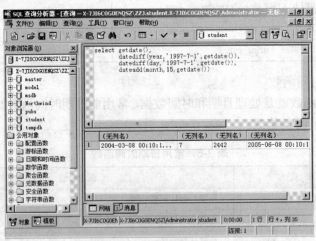

图 3-54　日期时间函数实例

4）类型转换函数

类型转换函数包括：

　　CAST（expression AS data_type）

　　CONVERT（data_type,expression[,style]）

其中，style 为日期格式代码，如表 3-7 所示。

表 3-7 style（日期样式）取值表

无 世 纪	有 世 纪	标 准	输入/输出的日期格式
	0 或 100（*）	默认值	mon dd yyyy hh:mi AM（PM）
1	101	美国	mm/dd/yyyy
2	102	ANSI	yy.mm.dd
3	103	英国、法国	dd/mm/yy
4	104	德国	dd.mm.yy
5	105	意大利	dd-mm-yy
6	106		dd mon yy
7	107		mon dd,yy
8	108		hh:mi:ss
	9 或 109（*）	默认值＋毫秒	mon dd,yyyy hh:mi:ss:mmm AM（PM）
10	110	美国	mm-dd-yy
11	111	日本	yy/mm/dd
12	112	ISO	yymmdd
	13 或 113（*）	欧洲默认值＋毫秒	dd mon yyyy hh:mi:ss:mmm（24 小时）
14	114		hh:mi:ss:mmm（24 小时）

注：默认值（style 0 或 100、9 或 109、13 或 113）始终返回世纪数位。

【**实例 3-28**】 将当前时间的日期转换为美国格式（mm/dd/yyyy 及 mm-dd-yyyy）、ANSI（yyyy.mm.dd）格式的字符串，并将当前时间的时间部分转换为字符串。

在查询分析器中输入 SQL 语句并执行，如图 3-55 所示。

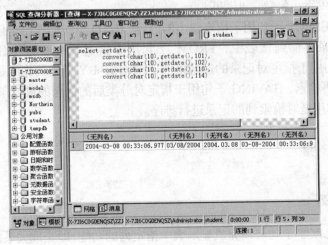

图 3-55 类型转换函数实例

3. 聚合函数

1）COUNT

COUNT（DISTINCT <列表达式>|*）（指定列唯一值的个数或记录总数）。

2）MAX

MAX（[DISTINCT] <列表达式>）（指定列的最大值或指定列唯一值的最大值）。

3）MIN

MIN（[DISTINCT] <列表达式>）（指定列的最小值或指定列唯一值的最小值）。

4）SUM

SUM（[DISTINCT] <列表达式>）（指定列的算术和或指定列唯一值的算术和）。

5）AVG

AVG（[DISTINCT] <列表达式>）（指定列的算术平均值或指定列唯一值的算术平均值）。

4. SELECT 语句的基本语法

在 SQL 语句中，SELECT 语句是最频繁使用的也是最重要的语句，SQL Server 2000 的所有检索都是由 SELECT 语句完成的。SELECT 语句的基本语法格式为：

```
SELECT <表达式> [AS <别名>] [INTO <目标表名>]
FROM <源表名>
[WHERE <条件>]
[GROUP BY <列> [HAVING <条件>]]
[ORDER BY <列> [DESC]]
```

其中，SELECT 子句用于指定输出的内容，INTO 子句的作用是创建新表并将检索到的记录存储到该表中，FROM 子句用于指定要检索的数据的来源表，WHERE 子句用于指定对记录的过滤条件，GROUP BY 子句的作用是指定对记录进行分类后再检索，HAVING 子句用于指定对分类后的记录的过滤条件，ORDER BY 子句的作用是对检索到的记录进行排序。

 操作步骤

1. 操作列

使用 SELECT 子句可以完成显示表中指定列的功能，即完成关系的投影运算。由于使用 SELECT 语句的目的是要输出检索的结果，所以输出表达式的值是

SELECT 语句必不可缺的部分。

1）计算表达式的值

SELECT 语句的最简单格式是输出表达式的值，即 SELECT 子句中使用表达式，参见实例 3-27、实例 3-28。

2）输出所有列

SELECT 子句使用 "*"，可以表示输出 FROM 子句所指定表的所有列。

【实例 3-29】 检索所有学生的所有信息。

在查询分析器中输入 SQL 语句并执行，如图 3-56 所示。

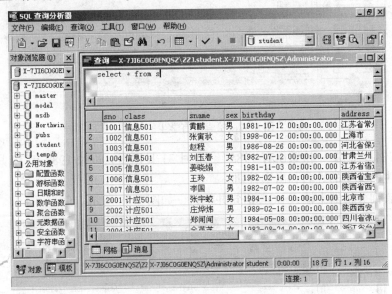

图 3-56 检索所有列

3）设置列标题

在默认的情况下，输出列时列标题就是表的列名，输出表达式时列标题为 "无列名"。如果要改变列标题，可以使用 "＝" 或 "AS" 关键字。

【实例 3-30】 检索所有学生的年龄。

在查询分析器中输入 SQL 语句并执行，如图 3-57 所示。

2. 操作行

使用 WHERE 子句可以过滤出表中满足条件的记录，即完成关系的选择运算。实际上，数据的检索绝大部分是通过 WHERE 子句实现的。

1）普通查询

在 WHERE 子句中使用逻辑表达式可以完成绝大部分的检索要求。

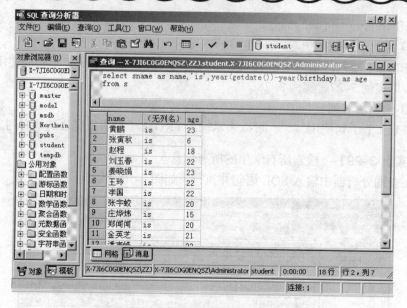

图 3-57 检索所有学生的年龄

【实例 3-31】   检索所有 1985 年 12 月 31 日以后，以及 1982 年 12 月 31 日以前出生的女生的姓名和出生日期。

在查询分析器中输入 SQL 语句并执行，如图 3-58 所示。

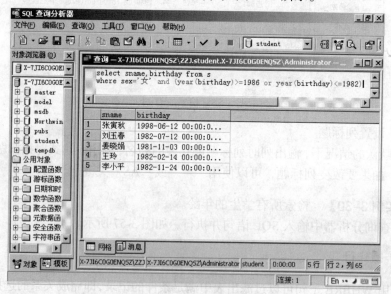

图 3-58 普通查询

2）模糊查询

利用模糊匹配运算符 LIKE，以及在 LIKE 中允许使用的匹配符：%（任意个字符）、_（任意一个字符），可以实现模糊检索。

【实例 3-32】　　检索所有姓李，以及第二个字为李的住址在西安的学生的姓名、性别和住址。

在查询分析器中输入 SQL 语句并执行，如图 3-59 所示。

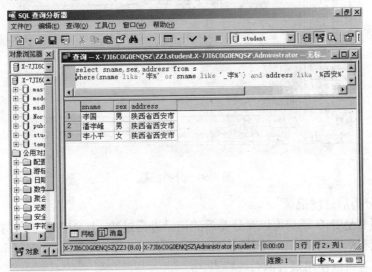

图 3-59　模糊查询

SQL 语言中将一个汉字视为一个字符而非 2 个字符。

3. 分类汇总

使用 GROUP BY 子句对记录进行分类，在 SELECT 子句中使用聚合函数，可以完成对记录的分类汇总运算。

1）分类

所谓分类，就是将指定列的值相等的记录划为一组，可以通过 GROUP BY 子句实现。一般而言，分类的目的是为了对每一组记录产生一个统计值，所以 GROUP BY 子句通常伴随有聚合函数。

GROUP BY 子句的基本语法格式为：

```
GROUP BY <列 1>[,<列 2>…]
```

【实例 3-33】　　检索每个学生所选课程的数量、总分及最高、最低分。

在查询分析器中输入 SQL 语句并执行，如图 3-60 所示。

GROUP BY 子句可以使用表达式，但不能使用 text、image、bit 类型数据。

若在没有 GROUP BY 子句的 SELECT 中使用聚合函数，则将所有记录视为一个组。

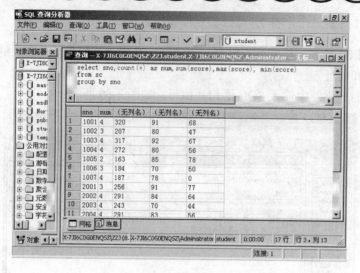

图 3-60 分类汇总

2）分类后过滤记录

使用 HAVING 子句可以对分类后的记录进行过滤，HAVING 子句与 WHERE 子句功能和格式均相同，不同的是 HAVING 子句必须在 GROUP BY 子句后执行，所以也具有可以使用聚合函数等特点。

【实例 3-34】　检索平均成绩及格的学生所选课程的数量、总分及最高、最低分。

在查询分析器中输入 SQL 语句并执行，如图 3-61 所示。

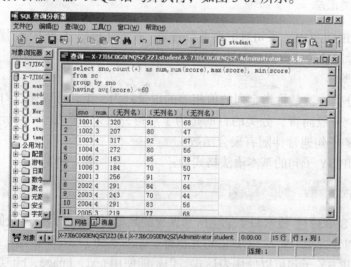

图 3-61 使用 HAVING 子句

同 GROUP BY 子句一样，HAVING 子句中同样不能使用 text、image、bit 类

型数据。

4．排序

使用 ORDER BY 子句可以按一个或多个列的值顺序输出记录。

ORDER BY 子句的基本语法格式为：

```
ORDER BY <列1>[DESC][,<列2>[DESC]…]
```

其中，排序默认升序，指定 DESC 则为降序。

【实例 3-35】　检索每个学生所选课程的数量、总分、平均分及最高、最低分，并按平均分排名次。规定当平均分相等时，最高分在前。

在查询分析器中输入 SQL 语句并执行，如图 3-62 所示。

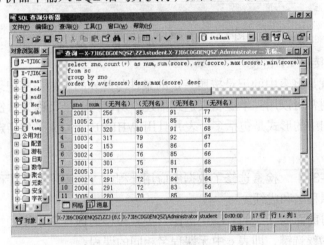

图 3-62　排序输出

ORDER BY 子句可以使用表达式，但不能使用 text、image 类型数据。

5．链接查询

所谓多表查询就是从几个表中检索信息，这种操作通常可以通过表的链接实现。实际上，链接操作是区别关系数据库管理系统与非关系数据库管理系统的最重要的标志。

1）无限制链接——笛卡儿积

无限制链接就是对表的链接不加任何限制条件。显然，无限制链接的结果是表的笛卡儿积。表现在 SELECT 语句中的形式是 FROM 子句为多个表并且无 WHERE 子句。无限制链接一般无实际意义。

【实例 3-36】　求表 s 与表 sc 的笛卡儿积。

在查询分析器中输入 SQL 语句并执行，如图 3-63 所示。

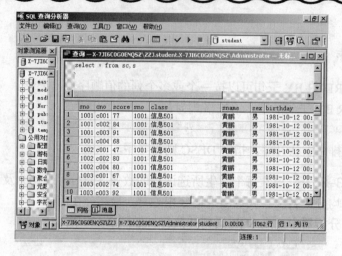

图 3-63　表 s 与表 sc 的笛卡儿积

2）内链接——F 链接

内链接就是将表中的记录按照一定的条件与另外的表的一些记录链接起来。链接的条件通常可以用一个逻辑表达式描述，所以内链接又称为 F 链接。表现在 SELECT 语句中的形式是包括多个表并且用 WHERE 或 ON 子句指定一逻辑表达式的。

【实例 3-37】　检索选修了数据库应用课程或 VB 程序设计课程的学生的学号、姓名、课程名和成绩。

说明：对前面例子中的"学生选课"关系模型的课程关系模式 c，约定其中的列 cname 为候选键，即表 c 中无课程名相同的课程。

方法一：在查询分析器中输入 SQL 语句并执行，如图 3-64 所示。

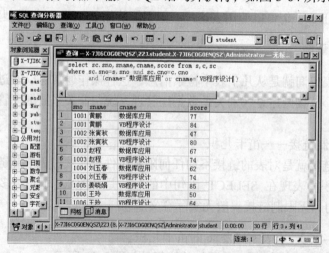

图 3-64　用 WHERE 子句指定链接条件

方法二：在查询分析器中输入 SQL 语句并执行，如图 3-65 所示。

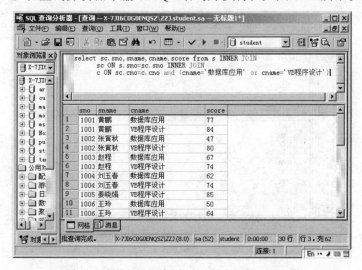

图 3-65　在 FROM 子句中用 JOIN 指定链接条件

内链接是链接的主要形式，链接的条件可以由 WHERE 或 ON 子句指定，一般是表间列的相等关系。

3）自链接

链接不仅可以在表之间进行，也可以使一个表同其自身进行链接，称为自链接。

【实例 3-38】　检索所有同时选修了课程编号为 c001 和 c003 的学生的学号。

方法一：在查询分析器中输入 SQL 语句并执行，如图 3-66 所示。

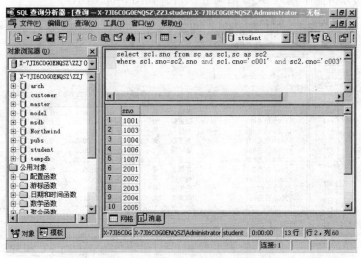

图 3-66　用 WHERE 子句实现自链接

方法二：在查询分析器中输入 SQL 语句并执行，如图 3-67 所示。

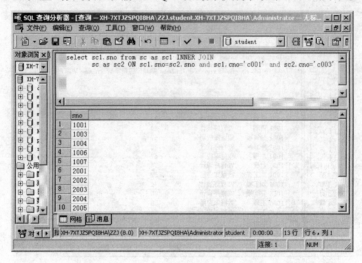

图 3-67　在 FROM 子句中用 JOIN 实现自链接

6. 集合运算

使用 union 运算符可以将两个或两个以上的查询结果合并为一个结果集。并运算与链接查询是不同的，并运算增加的是行的数量，而链接查询只能增加列的数量。

【实例 3–39】　查询表 s 和表 s_bak 中的所有学生的所有信息（假设表 s_bak 已存在，且结构与表 s 相同）。

在查询分析器中输入 SQL 语句并执行，如图 3-68 所示。

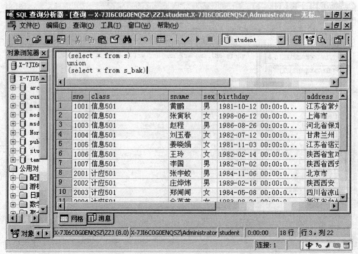

图 3-68　集合运算查询实例

参与并运算的表的列的数目、类型必须一致。

7. 生成新表

可以创建一个新表并将检索的记录保存到该表中。

INTO 子句的基本语法格式为：

```
INTO <新表>
```

其中，生成的新表包含的列由 SELECT 子句的列名表决定。

1）生成临时表

使用 INTO 子句可以创建临时表。临时表与永久表相似，但临时表存储在 tempdb 中，当不再使用时会自动删除。

SQL Server 2000 有本地和全局两种类型的临时表，二者在名称、可见性和可用性上均不相同。本地临时表的名称以单个数字符号（#）打头；它们仅对当前的用户链接是可见的；当用户从 SQL Server 2000 实例断开链接时被删除。全局临时表的名称以数学符号（##）打头，创建后对任何用户都是可见的，当所有引用该表的用户从 SQL Server 断开链接时被删除。基本语法格式为：

```
INTO <#表名> 或 INTO <##表名>
```

【实例 3-40】　　查询平均成绩超过总平均成绩的学生的学号、姓名和平均成绩。

在查询分析器中输入 SQL 语句并执行，如图 3-69 所示。

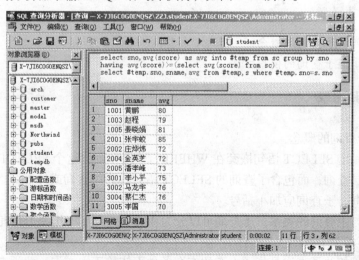

图 3-69　使用 SELECT 创建临时表

2）生成永久表

当 INTO 子句创建的表名前未加 "#" 或 "##" 时，所创建的表就是一个永久表。

【**实例 3–41**】　创建一个包含信息 501 班学生的学号、姓名、性别及出生日期的表。

在查询分析器中输入 SQL 语句并执行，如图 3-70 所示。

图 3-70　使用 SELECT 创建表

3.3.2　子查询

 学习目标

➢　理解子查询的概念
➢　掌握子查询的使用方法

 相关知识

1）子查询的概念

如果一个 SELECT 语句嵌套在 WHERE 子句中，则称这个 SELECT 语句为子查询或内层查询，而包含子查询的 SELECT 语句称为主查询或外查询。为了区别主、子查询，子查询应加小括号。

根据与主查询的关系，子查询可以分为相关子查询和不相关子查询两类。

2）不相关子查询

所谓不相关子查询是指子查询的查询条件不依赖于主查询，此类查询在执行时首先执行子查询，然后执行主查询。

在主查询的 WHERE 子句中，可以使用比较运算符及逻辑运算符链接子查询。其中常用的逻辑运算符包括以下运算符。

IN：包含于；ANY：某个值；SOME：某些值；ALL：所有值；EXISTS：存在结果。

3）相关子查询

所谓相关子查询是指子查询的查询条件依赖于主查询，此类查询在执行时首先执行主查询得到第一个元组，再根据主查询第一个元组的值执行子查询，依此类推直至全部查询执行完毕。

 操作步骤

1. 不相关子查询

【实例 3-42】　　检索选修了数据库应用课程的学生的学号、姓名和成绩。

在查询分析器中输入 SQL 语句并执行，如图 3-71 所示。

此例先执行子查询得到 cname 等于"数据库应用"的 cno，即 cno 等于"c001"，再执行主查询，相当于执行 cno 等于"c001"的检索。

显然，该子查询与以下的链接查询等价。

```
select sc.sno,sname,score from s,c,sc
where sc.sno=s.sno and sc.cno=c.cno and cname='数据库应用'
或
select sc.sno,sname,score from s inner join
sc on sc.sno=s.sno inner join
c on sc.cno=c.cno and cname='数据库应用'
```

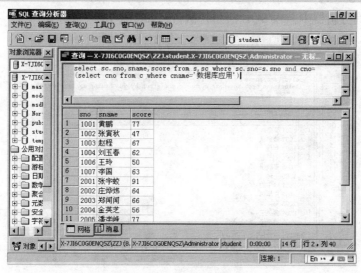

图 3-71　不相关子查询实例一

【实例 3-43】 检索选修了数据库应用课程或 VB 程序设计课程的学生的学号、姓名、课程名和成绩。

在查询分析器中输入 SQL 语句并执行，如图 3-72 所示。

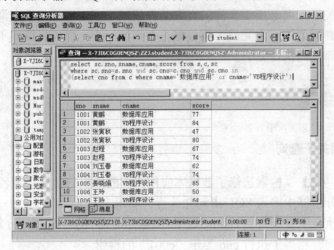

图 3-72 不相关子查询实例二

该语句中的"IN"可以用"＝ANY"或"＝SOME"替换，即"包含于"与"等于某个值"与"等于某些值"等价。

显然，该子查询与实例 3-42 的链接查询等价。

2. 相关子查询

【实例 3-44】 检索平均成绩及格的学生的学号和姓名。

在查询分析器中输入 SQL 语句并执行，如图 3-73 所示。

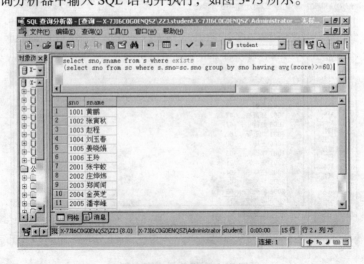

图 3-73 相关子查询实例

一般来说，大部分子查询可以转换为链接。链接的效率高于子查询，因为链接有优化算法，所以应尽可能使用链接。

本章习题

1. 创建表。

（1）使用 SQL-EM 在数据库 student 中创建学生表，表名要求为"<班级>_<学号>_s"，包含列：sno、char(4)，class、char(20)，sname、char(8)，sex、char(2)，birthday、datatime、address、varchar(50)，telephone、char(20)，email、char(40)。其中，sno 为主键，要求 class、sname 非空，并指定 sex 默认值为"男"。

（2）使用 SQL-EM 在数据库 student 中创建课程表，表名要求为"<班级>_<学号>_c"，包含列：cno、char(4)，cname、char(20)，credit、tinyint。其中，cno 为主键，指定 cname 为唯一性字段。

（3）使用 SQL-EM 在数据库 student 中创建选课表，表名要求为"<班级>_<学号>_sc"，包含列：sno、char(4)，cno、char(4)，score、smallint。其中，sno、cno 为主键，指定 sno 为外键参照表 s 的 sno，指定 cno 为外键参照表 c 的 cno。

（4）使用 SQL 语句在学生、课程和选课表中录入本班 5 名以上学生的真实数据。

2. 使用 SQL-EM 在数据库 student 的学生表上创建列 sname 的非聚集索引。

3. 对数据库 student 中的 3 个基本表 s、c、sc 进行如下操作，写出相应的 SQL 语句。

（1）删除表 sc 中尚无成绩的选课元组。

（2）把学号为 0001 的学生的选课和成绩数据全部删除。

（3）把选修了数据库应用课程的不及格的学生成绩全改为 0。

（4）把低于总平均成绩的女同学成绩提高 5%。

（5）修改表 sc 中课程编号为 c001 的成绩，若成绩小于等于 75 分时提高 5%，若成绩大于 75 分时提高 4%（用两个 UPDATE 语句实现）。

4. 设学生选课数据库中有以下 3 个表。

S(SNO,CLASS,SNAME,SEX)
C(CNO,CNAME,TNAME)
SC(SNO,CNO,SCORE)

写出相应的 SELECT 语句。

（1）张三老师所授课程的课程编号、课程名。

（2）信息 501 班的所有男学生学号与姓名。

（3）学号为 1003 的学生所学课程的课程名和教师名。

（4）至少选修了张三老师所授课程中一门课程的女学生姓名。

（5）王五学生未选课程的课程编号。

（6）同时选修了课程编号为 c001 及 c002 的学生学号和姓名。

（7）全部学生都选修的课程编号和课程名。

（8）选修了张三老师所授所有课程的学生学号。

第4章 数据库系统运行管理

本章主要讲述了数据库系统的安装卸载，以及数据库系统的管理，主要包括：SQL Server 2000 对硬件及软件环境的要求、SQL Server 2000 的安装与卸载、数据库登录账号管理、数据库用户管理、数据库角色管理、数据库文件及文件组的管理和数据库事务日志管理。

通过本章的学习，了解 SQL Server 2000 运行的软、硬件环境要求，熟练掌握 SQL Server 2000 的安装与卸载方法，并且通过对数据库登录账号、数据库用户，以及数据库角色的管理保证数据的安全性，熟悉数据库文件和文件组的管理方法。

4.1 数据库系统的安装与卸载

4.1.1 数据库系统的安装

 学习目标

➢ 了解 SQL Server 2000 运行的软、硬件环境要求
➢ 熟练安装 SQL Server 2000
➢ 掌握 SQL Server 2000 的安装与配置
➢ 掌握 SQL Sever 2000 数据库的卸载

 相关知识

1. 安装 SQL Server 2000 所需环境及要求

1）系统硬件的环境要求

SQL Server 2000 常见的版本有：企业版（Enterprise Edition）、标准版（Standard Edition）、个人版（Personal Edition）和开发版（Developer Edition）。

为了能够正确安装 Microsoft SQL Server 2000 或 SQL Server2000 客户端工具，

以及保证将来 SQL Server 2000 能够正常运行，计算机的芯片、内存、硬盘空间都应满足一定的要求。硬件环境应满足的最低要求如表 4-1 所示。

表 4-1　硬件环境应该满足的最低要求

硬　件	最　低　要　求
计算机	Tntel 或其兼容机 Pentium 166MHz 或更高
内存	企业版：至少 64MB 标准版：至少 64MB 个人版：Windows 2000 以上至少 64MB，其他操作系统上至少 32MB 开发版：至少 64MB
硬盘空间	完全安装：180MB 典型安装：170MB 最小安装：65MB
显示器	需要设置成 800×600 像素或更高分辨率才能使用图形工具

2）系统软件的环境要求

对软件环境的要求主要指对操作系统的要求。不同版本对操作系统的要求也不一样，表 4-2 列出了不同版本对操作系统的具体要求。

表 4-2　SQL Server 2000 不同版本对操作系统的要求

SQL Server 2000 版本	操作系统要求
企业版	Windows NT Server Windows 2000 Server Windows 2000 Advanced Server Windows 2000 Data Center Server
标准版	Windows NT Server Windows 2000 Server Windows 2000 Advanced Server Windows 2000 Data Center Server
个人版	Windows 98 Windows NT 4.0 Workstation Windows 2000 Professional Windows NT 4.0 Server Windows 2000 Server 或更高版本的 Windows 操作系统
开发版	Windows NT 4.0 Workstation Windows 2000 Professional 所有 Windows NT 和 Windows 2000 操作系统

2. 安装 SQL Server 2000

SQL Server 2000 可以是全新安装，也可以在以前版本（如 SQL Server 7.0）的基础上进行升级安装。

安装需以下准备工作：

- 如果是在 Windows NT/2000 上安装 SQL Server 2000，应先建立一个或多个域用户账户。
- 使用具有本地管理员权限的用户账户或适当权限的域用户账户登录到系统。
- 关闭所有依赖于 SQL Server 的服务。
- 关闭 Windows NT 的 Event Viewer 和 Regedit.exe（或 Regedit32.exe）。

下面以在 Windows 2000 Server 操作系统上安装 SQL Server 2000 标准版为例，具体介绍安装 SQL Server 2000 的过程。其他版本的安装过程与此类似。

 操作步骤

（1）将安装光盘插入光驱，将自动运行安装程序，打开安装界面，如图 4-1 所示。

图 4-1　标准版安装界面

提示： 如果没有出现提示框，可以双击安装光盘的"SETUP"程序图标。

（2）单击"安装 SQL Server 2000 组件"图标，打开选择安装组件界面。

（3）单击"安装数据库服务器"图标，打开"欢迎"对话框。

提示：如果在不支持的操作系统上安装，如在 Windows 98 上安装 SQL Server
　　　2000 标准版，系统将弹出警告信息，提示用户只能安装客户端组件或
　　　重新安装其他版本。

（4）根据屏幕提示，单击"下一步"按钮，打开"计算机名"对话框，如
图 4-2 所示。

（5）选择"本地计算机"单选钮，单击"下一步"按钮，打开"安装选择"
对话框，如图 4-3 所示。

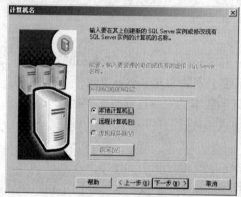 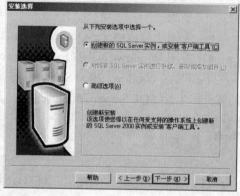

　　　图 4-2　"计算机名"对话框　　　　　　　图 4-3　"安装选择"对话框

提示：所谓本地计算机即正在运行安装程序的计算机。如果要进行远程安装，
　　　可以选择"远程计算机"单选钮，在输入框中输入远程计算机的名称。
　　　虚拟服务器表示安装到虚拟计算机中。

（6）选择"创建新的 SQL Server 实例……"选项，单击"下一步"按钮，打
开"用户信息"对话框，如图 4-4 所示。

提示："对现有 SQL Server 实例进行升级、删除或添加组件"用于对已有的
　　　SQL Server 实例进行修改，如将 SQL Serve 7.0 升级到 SQL Server 2000。
　　　如果是第一次安装，该选项为灰色。

（7）输入"姓名"及"公司"名称，单击"下一步"按钮，打开"软件许可
证协议"对话框。

提示：某些 SQL Server 2000 版本，可能还需要输入产品的序列号。

（8）单击"是"按钮，打开"安装定义"对话框，如图 4-5 所示。为了安装
SQL Server 2000，必须接受这个协议。

（9）选择"服务器和客户端工具"单选钮，单击"下一步"按钮，打开"实
例名"对话框，如图 4-6 所示。

提示：如果在其他机器上安装了 SQL Server 2000，可以选择"仅客户端工具"
　　　单选钮，用于对其他机器上的 SQL Server 2000 的存取。

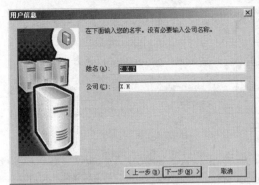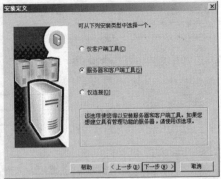

图 4-4 "用户信息"对话框 图 4-5 "安装定义"对话框

（10）所谓实例名就是 SQL Server 2000 服务器的名称。如果使用默认实例名，则 SQL Server 2000 服务器的名称与 Windows 服务器的名称相同。输入"实例名"，可以为 SQL Server 2000 服务器定义一个新的名称。此处输入实例名为"ZZJ"，即定义 SQL Server 2000 服务器名为"ZZJ"。单击"下一步"按钮，打开"安装类型"对话框，如图 4-7 所示。

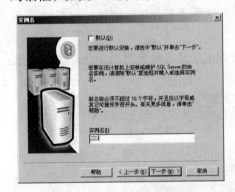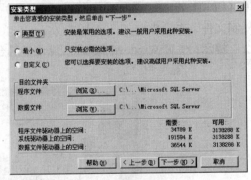

图 4-6 "实例名"对话框 图 4-7 "安装类型"对话框

提示：SQL Server 2000 在同一台计算机上允许安装多个实例，当计算机上已安装了 SQL Server 2000 实例时，"默认"复选框为灰色。

（11）单击"浏览"按钮，可以指定新的安装位置。此处选择"典型"单选钮，指定安装位置为"D:\Promram Files\Microsoft SQL Server\MSSQL$ZZJ"。单击"下一步"按钮，打开"服务账户"对话框，如图 4-8 所示。

（12）在"服务账户"对话框中，可以将登录账户指派给两个 SQL Server 服务，也可以指定登录账户为本地系统账户或域用户账户。此处选择"对每个服务使用同一账户。自动启动 SQL Server 服务"及"使用域用户账户"选项，并输入密码（即 Windows 登录密码）。单击"下一步"按钮，打开"身份验证模式"对话框，如图 4-9 所示。

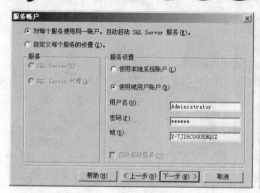
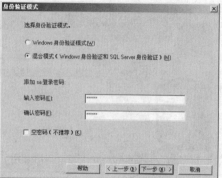

图 4-8　"服务账户"对话框　　　　图 4-9　"身份验证模式"对话框

提示：如果使用本地系统账户，则不需要设置密码，但没有网络访问权限。

（13）如果选择"Windows 身份验证模式"单选钮，则 SQL Server 2000 使用 Windows 操作系统中的信息验证用户的账户和密码。如果选择"混合模式……"单选钮，则允许用户使用 Windows 身份验证或 SQL Server 身份验证，此时应输入系统管理员(sa)的登录密码，而空密码是不建议采用的。此处选择"混合模式……"单选钮，并输入密码及确认密码"zzj2000"。单击"下一步"按钮，打开"开始复制文件"对话框，如图 4-10 所示。

提示：使用 Windows 98 时只能选择混合模式，且只有采用混合模式才能使用"sa"用户登录。

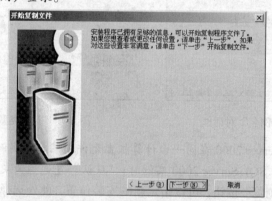

图 4-10　"开始复制文件"对话框

（14）单击"下一步"按钮，打开"选择许可模式"对话框，以使客户端可以访问 SQL Server 2000，并设置授权的数量，如图 4-11 所示。SQL Server 2000 支持两种客户端访问许可模式，即"每客户"、"处理器许可证"许可模式。"每客户"许可模式用于设备（工作站、终端或运行链接到 SQL Server 服务器的任何其他设备）访问 SQL Server 服务器，要求每个设备都具有一个客户端访问许可证。"处理器许可证"许可模式中的处理器指安装在 SQL Server 服务器上的中央处理器

（CPU）。一台计算机可以安装多个处理器，每个处理器需要一个许可证。"处理器许可证"许可模式允许任意数目的设备访问 SQL Server 服务器，通过 Internet 或拥有大量用户的客户访问 SQL Server 服务器通常选择"处理器许可证"许可模式。

（15）单击"继续"按钮，安装程序将开始复制文件、安装组件、配置服务和创建数据库等。当完成安装后，将出现"安装完毕"对话框，如图 4-12 所示。

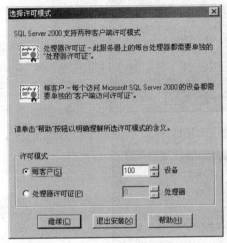
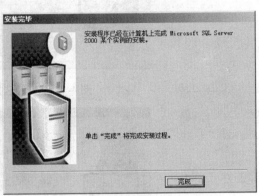

图 4-11　"选择许可模式"对话框　　　　　图 4-12　"安装完毕"对话框

（16）单击"完成"按钮，将结束 SQL Server 2000 的安装。

4.1.2　数据库系统的卸载

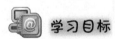

> 掌握 SQL Server 2000 数据库的卸载

在卸载 SQL Server 2000 之前，应当备份所有的系统数据库和用户数据库，以备以后重建数据库服务器时用，然后卸载 SQL Server 2000。

（1）安装光盘插入光驱，将自动运行安装程序，按照安装 SQL Server 2000 的步骤，执行至第（5）步，如图 4-13 所示。

（2）选择"对现有 SQL Server 实例进行升级、删除或添加组件"单选钮，单击"下一步"按钮，打开"实例名"对话框，如图 4-14 所示。

（3）选择需要卸载的数据库实例名，单击"下一步"按钮，打开"现有安装"对话框，如图 4-15 所示。

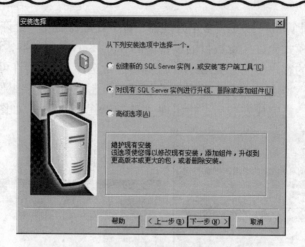

图 4-13　"安装选择"对话框

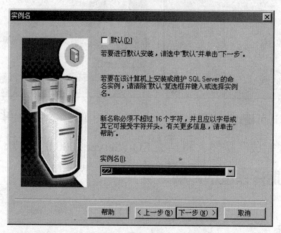

图 4-14　"实例名"对话框

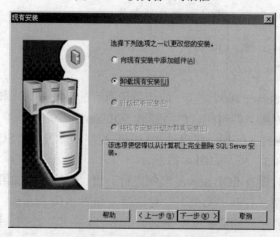

图 4-15　"现有安装"对话框

（4）选择"卸载现有安装"单选钮，单击"下一步"按钮，打开"卸载"对话框，安装程序将完成对指定数据库实例的卸载，如图 4-16 所示。

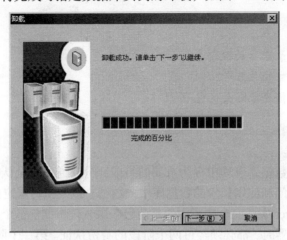

图 4-16　"卸载"对话框

（5）卸载成功后，单击"下一步"按钮，打开"安装完毕"对话框，如图 4-17 所示。

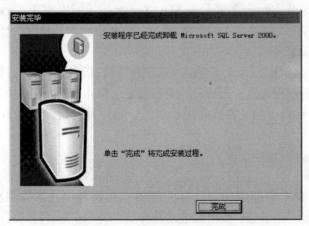

图 4-17　"安装完毕"对话框

（6）单击"完成"按钮，完成指定数据库实例的卸载。

4.2　用户管理

SQL Server 提供了一套完整的安全机制，这些机制包括选择认证机制和认证进程、登录账号管理、数据库用户管理和角色管理等。

4.2.1 登录账号管理

 学习目标

> ➤ 了解登录账号的概念
> ➤ 掌握建立登录账号
> ➤ 熟练掌握登录账号的管理

 相关知识

安全管理是数据库管理中极为重要的组成部分。通过安全认证，确保只有授权的用户才能访问和使用相应的数据库中的数据，以及执行规定的操作。

在 SQL Server 中，安全性采用的是两级权限管理机制。每个网络用户在访问 SQL Server 服务器时，都必须经过两个阶段的身份认证。第一个阶段的身份认证，是认证用户是否具有链接服务器的资格，SQL Server 使用"登录账户"来标示用户的链接资格；第二个阶段的身份认证，是认证用户是否具有访问和操作数据库的资格。下面，首先讨论第一阶段的认证，也就是对登录账号的认证。

用于登录 SQL Server 的账号在 SQL Server 中（使用 SQL Server 身份验证）创建，或者在 Windows NT 4.0 或 Windows 2000 中创建并被授予登录权限（使用 Windows 身份验证）。

用户登录时，SQL Server 实例必须验证每个链接请求所提供的登录 ID 是否具有访问该实例的权限。这一过程称为身份验证。SQL Server 提供了两种身份验证模式：Windows 身份验证模式和混合模式。每一种身份验证都有不同类别的登录 ID。

1）Windows 身份验证模式

SQL Server 通常运行在以 NT 为核心的 Windows 平台上，Windows 平台本身就具备管理登录、验证用户合法性的能力。在这种模式下，只要用户通过了 Windows 平台的身份验证，就可以成功链接到 SQL Server 服务器，不再需要 SQL Server 对用户进行安全性验证了。

Windows 身份验证的优点是：

（1）由 Windows 系统管理员直接管理用户账号，方便管理。

（2）Windows 中提供了安全验证和密码加密、审核、密码过期、密码长度限制，以及多次登录失败后自动锁定账号等功能，大大提供了安全性能。

2）混合模式（Windows 身份验证和 SQL Server 身份验证）

在这种模式下，用户的身份验证由 Windows 和 SQL Server 共同承担，系统将确认链接用户在 Windows 操作系统下是否可信，对于可信的链接用户，系统

使用 Windows 认证模式，也就是说由操作系统验证链接的合法性。当用户使用指定的登录账号和密码进行非信任链接时，SQL Server 将检测登录账号的存在性和密码的匹配性，自行进行验证。如果登录账号不存在或密码不正确，系统将拒绝用户的登录操作，只有账号存在且密码正确，才能通过 SQL Server 的身份验证。

混合模式身份验证的优点是允许非 Windows 用户，如 Internet 用户连链到 SQL Server 实例，增加了链接的灵活性。另外，在 Windows 95/98/me 的操作系统中，只能用混合模式身份验证。

SQL Server 2000 对登录账号的认证过程可以用图 4-18 表示。

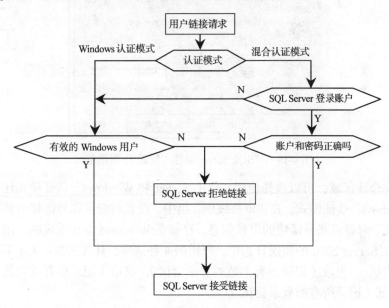

图 4-18 SQL Server 2000 认证模式

 **操作步骤**

1. 设置身份验证模式

SQL Server 的身份验证模式在安装时由管理员指定，安装完成后，系统管理员可以根据需要，在 SQL Server 的企业管理器中更改 SQL Server 的身份验证模式，方法如下。

在 SQL-EM 中，单击展开左侧窗口中的服务器组，选择要进行认证模式设置的服务器，单击鼠标右键，打开快捷菜单，选择"属性"命令，打开"SQL Server 属性（配置）"对话框，选择其中的"安全性"选项卡，如图 4-19 所示。

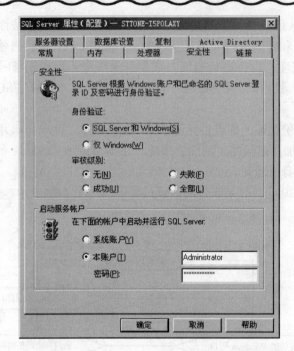

图 4-19   "SQL Server 属性（配置）"对话框

在安全性区域，可以选择使用"SQL Server 和 Windows"认证模式还是使用"仅 Windows"认证模式。在"审核级别"组中，设置对登录账号链接审核信息的记录方式。对登录账号链接的审核信息，存储在 Windows 操作系统的应用程序日志和 SQL Server 2000 的错误日志中，可用的 4 种选项，其含义为：无（不记录任何登录尝试），失败（记录所有失败的登录尝试），成功（记录所有成功的登录尝试），全部（记录所有的登录尝试）。

2. 创建登录账号

登录账号的信息存储在系统数据库 master 的表 syslogins 中，当在 SQL Server 2000 系统中增加一个登录账号时，一般要指定一个默认数据库。为登录账号指定一个默认数据库并不是在该数据库中创建一个用户账号，而是使用数据库中的 Guest 用户账号访问该数据库。当然也可以为该登录账号在数据库中创建一个用户账号，创建的方法在后面介绍。

SQL Server 2000 有两个默认的登录账号：sa 和 BUILTIN\Administrators。sa 是系统管理员的简称，是一个特殊的登录账号，拥有 SQL Server 2000 系统和全部数据库中所有对象的权限。不管 SQL Server 2000 实际的数据库所有权如何，sa 账号都被默认为是任何用户数据库的主人。所以 sa 拥有最高的管理权限，可以执行服务器范围内的所有操作。系统还为 Windows 系统管理员提供了一个默认的登录账号 BUILTIN\Administrators，该登录账号拥有和 sa 相同的权限。这两个登录账号不同的是：sa 使用的是 SQL Server 身份验证，而 BUILTIN\Administrators 使用的是 Windows 身份验证。

除了默认的登录账号外，用户可以根据需要创建其他的登录账号。

创建登录的方法有两种：从 Windows 组或用户中创建登录；创建新的 SQL Server 登录。

1）创建 Windows 用户或组

创建 Windows 用户或组，就是将 Windows 中的用户和组映射为 SQL Server 的登录账户。对于已经映射的 Windows 账户，SQL Server 可以对这些账户采取信任登录的方式。只要这些 Windows 的用户或组成员能够成功登录 Windows，则 SQL Server 本身就不再验证，直接承认他们是合法的用户，从而允许他们链接上服务器。与 Windows 集成的登录模式实际上是让 Windows 代替 SQL Server 执行登录审查任务。

可以通过 T-SQL 语句或 SQL-EM 创建与 Windows 集成的登录账号。

（1）使用 T-SQL 语句创建 Windows 用户或组

使用 T-SQL 语句创建 Windows 用户或组是用系统存储过程 sp_grantlogin 将使 Windows 的用户或组账号映射成 SQL Server 的登录账号。sp_grantlogin 系统存储过程的基本语法如下：

```
sp_grantlogin [@loginame=]'<登录账户名>'
```

其中，参数<登录账户名>用于指定要添加的 Windows NT 用户或组的名称。Windows NT 组和用户必须用 Windows NT 域名限定，格式为"域\用户"，例如，1702Server\1702。

【实例 4–1】　将 Windows Server 2000 中本地组 users 映射成 SQL Server 的登录账号。

```
sp_grantlogin [BUILTIN\users]
```

上述例子将 Windows 服务器上本地组 users 映射成为了 SQL Server 的登录账号。

映射工作组或用户的前提条件是该工作组或用户必须存在于 Windows 服务器上。当将工作组设置为 SQL Server 的账号后，所有工作组的成员都可以使用这个账号实现针对 SQL Server 的链接。所有工作组的成员都将享有该账号的所有权限。

（2）使用 SQL-EM 创建 Windows 用户或组

① 启动 SQL-EM，展开左侧窗口中指定的数据库服务器"安全性"文件夹，右击"登录"节点，在弹出的快捷菜单中选择"新建登录"命令，打开"SQL Server 登录属性—新建登录"对话框，如图 4-20 所示。

② 在"名称"输入框中输入 Windows 中已经存在的用户账号或工作组名称，这里输入"users"工作组。

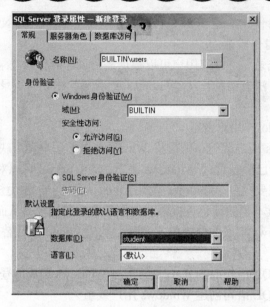

图 4-20 "SQL Server 登录属性—新建登录"对话框

③ 在"身份验证"单选按钮组中选择"Windows 身份验证"单选项，表示该登录使用 Windows 身份验证。

④ 在"域"框中输入或选择一个使用的域名，这里输入"BUILTIN"，表示内置本地组。

⑤ 在"默认设置"栏的"数据库"列表框中选择一个默认的数据库。

⑥ 单击"确定"按钮，即可将 Windows 工作组 users 映射成 SQL Server 的登录账户。

2）创建 SQL Server 登录

要采用 SQL Server 提供的标准登录模式实现 SQL Server 服务器的登录链接，用户必须拥有合法的用户账号和密码。

（1）使用 SQL 语句。创建 SQL Server 登录账户可以通过执行系统存储过程 sp_addlogin 实现。其基本语法格式为：

```
sp_addlogin [@loginame=]'<登录账户名>'
[,[@passwd=]'<密码>']
[,[@defdb=]'<数据库名>']
[,[@deflanguage=]'<语言>']
```

其中，各参数含义如下。

● 登录账户名：新建的登录账户的名称。

● 密码：新建登录账户对应的密码，默认设置为 NULL。

● 数据库名：登录账户的默认数据库（登录成功后所链接到的数据库），默认设置为 master。

- 语言：登录账户登录到 SQL Server 2000 时系统指派的默认语言，默认设置为 NULL。如果没有指定，那么自动被设置为服务器当前的默认语言。

【实例 4-2】　创建 SQL Server 登录账户 login1，并设置密码和默认数据库。在查询分析器中输入 SQL 语句并执行，如图 4-21 所示。

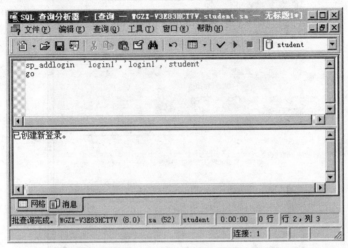

图 4-21　创建登录用户

以上命令为 SQL Server 创建了一个登录账号 login1，并设置密码为 login1，默认数据库为 student。

（2）使用 SQL-EM。

① 启动 SQL-EM，展开左侧窗口中指定的数据库服务器"安全性"文件夹，单击"登录"节点，右侧窗口显示已存在的登录账户的信息，如图 4-22 所示。

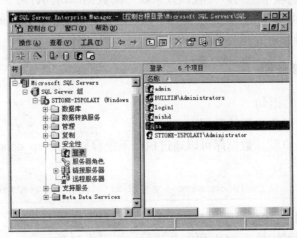

图 4-22　管理登录账户窗口

② 选择左侧窗格中"登录"节点，单击鼠标右键，打开快捷菜单，选择"新建登录"命令，打开"SQL Server 登录属性—新建登录"对话框。该对话框有"常规"、"服务器角色"和"数据库访问" 3 个选项卡，如图 4-23 所示。

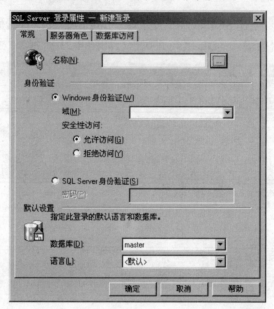

图 4-23 "SQL Server 登录属性—新建登录"对话框

③ 单击"常规"选项卡，在"名称"框中输入新建登录账户的名称，也可以单击"名称"文本框后的按钮，选择 Windows 用户作为登录账户。同时，在该选项卡上还可以设置登录账户的身份验证模式、默认语言和默认数据库。

④ 单击"服务器角色"选项卡，可以设置该登录账户对应的服务器角色，在"数据库访问"选项卡上可以设置该登录账户的数据库访问许可。

⑤ 单击"确定"按钮，完成新登录账户的创建。此时，在右侧窗口中可以看到新创建的登录账户的相关信息。

3. 修改登录账号

1）使用 SQL 语句

（1）修改登录账户默认数据库

修改登录账户默认数据库可以通过执行系统存储过程 sp_defaultdb 实现。其基本语法格式为：

```
sp_defaultdb [@loginame=]'<登录账户>',[@defdb=]'<数据库名>'
```

【实例 4-3】 将登录账户 login1 的默认数据库修改为 pubs。

在查询分析器中输入 SQL 语句并执行，如图 4-24 所示。

图 4-24　修改登录账户默认数据库

（2）修改登录账户密码

修改登录账户密码可以通过执行系统存储过程 sp_assword 实现。其基本语法
格式为：

```
sp_password [[@old=]'<原密码>',]

{[@new=]'<新密码>'}

[,[@loginame=]'<登录账户>']
```

【实例 4-4】　将登录账户 login1 的密码由 login1 改为 abcdef。
在查询分析器中输入 SQL 语句并执行，如图 4-25 所示。

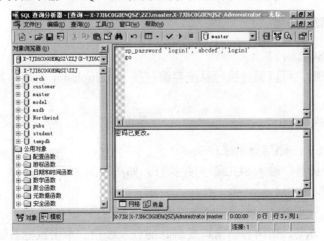

图 4-25　修改登录账户密码

2）使用 SQL-EM

（1）启动 SQL-EM，展开左侧窗口中指定的数据库服务器"安全性"文件夹，单击"登录"节点，指向右侧窗口要修改的登录账户，单击鼠标右键，选择"属性"命令，打开"SQL Server 登录属性—login 1"对话框，如图 4-26 所示。

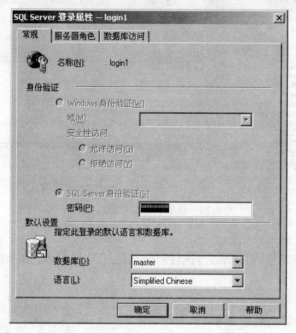

图 4-26　"SQL Server 登录属性—login 1"对话框

（2）修改该登录账户的密码、默认库等属性，最后单击"确定"按钮，完成登录账户修改。

4. 删除登录账号

1）使用 SQL 语句

删除登录账户可以通过执行系统存储过程 sp_droplogin 实现。其基本语法格式为：

```
sp_droplogin [@loginame=]'<登录账户>'
```

【实例 4–5】　删除登录账户 login1。

在查询分析器中输入 SQL 语句并执行，如图 4-27 所示。

2）使用 SQL-EM

（1）启动 SQL-EM，展开左侧窗口中指定的数据库服务器"安全性"文件夹，单击"登录"节点，指向右侧窗口要删除的登录账户，单击鼠标右键，选择"删除"命令，打开确认删除登录账户对话框，如图 4-28 所示。

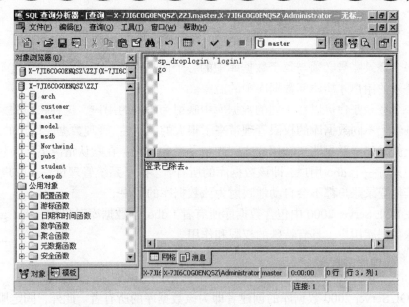

图 4-27 删除登录账户

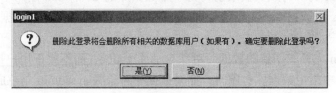

图 4-28 确认删除登录账户对话框

（2）单击"是"按钮，完成登录账户删除。

5. 查看登录信息

使用系统存储过程 sp_helplogins 可以提供每个数据库中的登录及相关用户的信息。其基本语法格式为：

```
sp_helplogins[[@LoginNamePattern=]'<登录账户>']
```

其中，<登录账户>如为默认，则是系统中存在的所有登录账号信息。

4.2.2 数据库用户管理

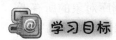 学习目标

➢ 了解用户的概念
➢ 掌握数据库用户的创建方法
➢ 掌握删除数据库用户的方法

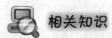 **相关知识**

一个登录账号必须与每个数据库中的一个用户账号相关联后，使用这个登录账号登录的用户才能访问数据库中的对象。

一个登录账户可以在不同的数据库中映射为不同的用户，这种映射关系为同一服务器上不同数据库的权限管理带来了很大的灵活性。管理数据库用户的过程，实际上就是建立登录账户和用户之间映射关系的过程。在默认情况下，新建的数据库中只有一个 dbo 用户，即该数据库的所有者。除了系统管理员登录账户 sa 之外，其他登录账户都不会自动地映射为该数据库的用户。

在 SQL Server 2000 中包含数据库所有者（dbo）、数据库对象所有者、guest 3 类特殊数据库用户，具有特殊的权限和作用。

1. 数据库所有者

SQL Server 2000 数据库的创建者即为该数据库的所有者。此外，固定服务器角色 sysadmin 的所有成员被映射为每一个数据库的 dbo。dbo 用户不能从数据库中删除，dbo 对数据库具有所有操作权限，并且可以将所拥有的数据库操作权限授予其他用户。

sysadmin 成员所创建的数据库对象自动属于 dbo，而不属于用户自身。所以，在 SQL 语句中指定数据库对象时，如果数据库对象为 sysadmin 角色成员所创建，则使用 dbo，否则使用创建者的用户名称指定数据库对象。

【实例 4-6】　如果 student 数据库有 stonepf 和 stone 两个用户，其中 stonepf 属于 sysadmin 角色，而 stone 属于 db_owner 角色。他们分别在 student 数据库中建立两个数据表 Table1 和 Table2，指定这两个对象时分别使用 dbo 和 stone。

在查询分析器中输入下列 SQL 语句并执行。

```
SELECT * FROM MyDB.dbo.Table1
SELECT * FROM MyDB.stone.Table2
```

2. 数据库对象所有者

SQL Server 2000 数据库中的对象包括表、索引、视图、默认、规则、触发器、用户定义函数和存储过程等，数据库对象的创建者即成为该数据库对象的所有者。数据库对象所有者隐含具有该对象的所有权限，只有在他显式地向其他用户授权后，其他用户才能访问该数据库对象。

在一个数据库中不同用户可以创建同名的数据库对象，所以当用户访问数据库对象时，必须对数据库对象所有者进行指定。如下面语句指定要检索用户 stone 所创建的 Table1 表：

```
SELECT * FROM stone.Table1
```

在 SQL 语句中不指定数据库对象所有者时，SQL Server 2000 将首先在数据库中查找属于当前用户的数据库对象。如果查找不到，则再查找属于 dbo 的数据库对象。如果再次查找失败，SQL Server 2000 认为数据库中无此数据库对象，从而结束该语句的执行，并向用户报告错误信息。

3. guest 用户

guest 用户是 SQL Server 2000 数据库中的一个特殊用户。当某个 SQL Server 2000 登录账户在数据库中没有建立对应的数据库用户，而又要访问该数据库时，SQL Server 2000 就查找数据库中是否存在 guest 用户。若存在该用户，就允许该登录账户使用 guest 用户的权限访问数据库，否则将拒绝其访问。SQL Server 2000 系统数据库 master 和 tempdb 中的 guest 用户账户不能删除，而其他数据库中的 guest 用户均可创建或删除。

4. 查看用户

使用系统存储过程 sp_helpuser 可以查看数据库中的有效账户信息。sp_helpuser 的语法格式如下：

```
sp_helpuser[[@name_in_db=]'security_account']
```

其中，参数 security_account 指定当前数据库中的 SQL Server 用户、Windows NT 用户或数据库角色的名称。security_account 必须存在于当前的数据库中。

 操作步骤

1. 创建数据库用户

通过登录账号登录 SQL Server 的用户，如果在数据库中没有授予该登录访问数据库的权限，该用户还是无法访问数据库的。因此，必须将每一个需要访问数据库的登录账号添加到相关数据库中。

1）使用 SQL 语句

在 SQL Server 2000 中，为 Windows 用户（组）和 SQL Server 2000 登录账户建立数据库用户的方法相同，可以通过执行系统存储过程 sp_grantdbaccess 实现。其基本语法格式为：

```
sp_grantdbaccess [@loginname=]'<登录账户>'[,[@name_in_db=]'<数据库用户名>']
```

其中，各参数含义如下：

- 登录账户：登录账户为 SQL Server 2000 登录账户名称或 Windows 用户（组）和用户组名称，当其为 Windows 用户（组）账户时，"登录账户"的格式为"域名\用户（组）名"。
- 数据库用户名：数据库用户名是在数据库中为"登录账户"所创建的用户名称，它可以与登录账户名称不同，也可以相同。省略该参数时，所创建的数据库用户名称与登录账户同名。

【实例 4-7】 为 sttone-i5p0laxy 域中的用户 adminofdb 在 student 数据库中建立同名的数据库用户。

在查询分析器中输入 SQL 语句并执行，如图 4-29 所示。

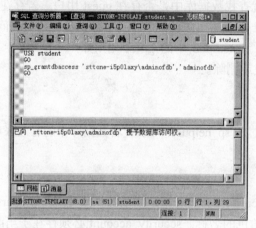

图 4-29　创建数据库用户实例

【实例 4-8】 为 SQL Server 2000 登录账户 login1 在数据库 student 中建立名为 user1 的数据库用户。

在查询分析器中输入 SQL 语句并执行，如图 4-30 所示。

图 4-30　创建数据库用户实例

2）用 SQL-EM

（1）启动 SQL-EM，展开左侧窗口中要创建用户账号的数据库，单击"用户"节点，在右侧的"用户项目"窗口中显示当前数据库已创建的所有用户的信息，如图 4-31 所示。

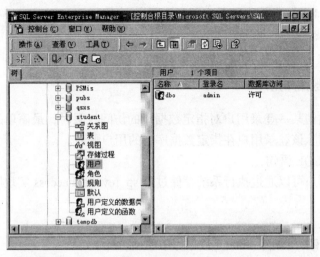

图 4-31　管理用户窗口

（2）指向左侧窗口中"用户"节点，单击鼠标右键，打开快捷菜单，选择"新建数据库用户"命令，打开"数据库用户属性—新建用户"对话框，如图 4-32 所示。

图 4-32　"数据库用户属性—新建用户"对话框

（3）在"登录名"下拉列表框中选择新建用户对应的登录名，选择后系统在下面的"用户名"输入框中自动填入与登录名相同的用户账号，可以根据需要修改用户账号名，但同一数据库中的用户账号必须唯一。

（4）选择"登录名"后，在图 4-32 的下部"数据库角色成员"列表框中，系统自动将"public"数据库角色应用到该用户，使 login1 登录账号有访问数据库 student 的权限。

（5）单击"确定"按钮，完成创建用户账号及初步设置访问权限的工作。

2. 删除数据库用户

当需要撤销某一登录用户对指定数据库的访问权限时，最简单的办法就是在该数据库中删除该登录用户在指定数据库中的用户账号。

1）使用 SQL 语句

数据库用户可以通过执行系统存储过程 sp_revokedbaccess 实现删除。其基本语法格式为：

```
sp_revokedbaccess [@name_in_db=]'<数据库用户名>'
```

【实例 4-9】 删除 student 数据库中的用户 user1。

在查询分析器中输入 SQL 语句并执行，如图 4-33 所示。

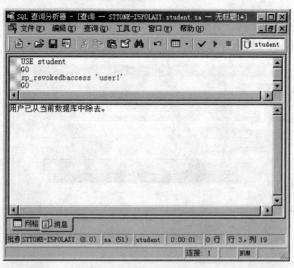

图 4-33 删除数据库用户

提示：系统存储过程 sp_revokedbaccess 只能删除当前数据库中的用户，其他数据库中的同名用户并不受影响，且不能删除的特殊用户和角色包括：public 角色、数据库中的固定角色，dbo 或 INFORMATION_SCHEMA 用户，master 和 tempdb 数据库中的 guest 用户账户，以及 Windows NT 组中的用户。

2）使用 SQL-EM

（1）启动 SQL-EM，展开左侧窗口中指定的数据库，展开"用户"节点，指向右侧窗口中要删除的数据库用户，单击鼠标右键，打开快捷菜单，选择"删除"命令，打开确认删除数据库用户对话框，如图 4-34 所示。

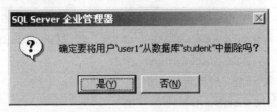

图 4-34　确认删除数据库用户对话框

（2）单击"是"按钮，删除该用户账号。

用户账号删除后，系统将自动解除与用户账号相关的登录账号对当前数据库的访问权限。

4.2.3　数据库角色管理

 学习目标

➤　了解角色的基本概念
➤　熟悉管理固定角色
➤　熟悉管理用户自定义角色

 相关知识

角色是数据库访问权限的管理单位，它提供了一种方法，可以把相关的用户汇集成一个单元，以便进行管理。数据库用户可以作为角色的成员，继承角色所拥有的访问权限。在设置数据库的访问权限时，一般应首先建立角色，将权限集中授予角色，然后将需要拥有该权限的用户加入到角色中。使用角色，有利于访问权限的集中管理，简化管理工作。

在 SQL Server 2000 中，提供了用于通常管理工作的固定服务器角色和固定数据库角色，另外用户还可以根据需要创建自定义数据库角色。

SQL Server 2000 在安装过程中定义了几个固定角色，可以向这些角色中添加用户以获得相关的管理权限。固定角色包括固定服务器角色和固定数据库角色。

固定服务器角色是在服务器的级别上定义的，通过固定服务器角色可以授予用户在服务器上进行相应管理操作的权限。固定服务器角色信息存储在 master 数据库的 sysxlogins 系统表中，表 4-3 列出了固定服务器角色及其所拥有的权限。

表 4-3　固定服务器角色及其权限

固定服务器角色	权　　限
sysadmin	可在 SQL Server 中执行任何活动
serveradmin	可设置服务器范围的配置选项,关闭服务器
setupadmin	可管理链接服务器和执行某些系统过程
securityadmin	可管理登录和 CREATE DATABASE 权限,读取错误日志和更改密码
processadmin	可以管理在 SQL Server 中运行的进程
dbcreator	可以创建、更改和删除数据库
diskadmin	可以管理磁盘文件
bulkadmin	可以执行 BULK INSERT 语句

　　固定数据库角色是在数据库级别上定义的，存在于每个数据库中，通过固定数据库角色，可以授予用户在数据库上进行相应管理操作的权限。固定数据库角色的信息存储在需访问数据库的系统表 sysusers 中，表 4-4 列出了固定数据库角色及其所拥有的权限。

表 4-4　固定数据库角色及其权限

固定数据库角色	权　　限
db_owner	在数据库中有全部权限
db_accessadmin	可添加或删除用户
db_securityadmin	可管理全部权限、对象所有权、角色和角色成员
db_ddladmin	可以添加、修改和删除数据库中的对象
db_backupoperator	可对数据库进行备份
db_datareader	可查看数据库内任何用户表中的所有数据
db_datawriter	可更改数据库内任何用户表中的所有数据
db_denydatareader	不能查看数据库中的数据
db_denydatawriter	不能更改数据库中的数据

　　在 SQL Server 中，一个用户可以属于多个角色，用户权限是多个角色权限的总和，权限在用户成为角色成员时自动生效。

　　SQL Server 中有一种特殊的角色——public 数据库角色。系统中存在的每一个数据库（含系统数据库）中都含有这个角色，数据库中的每个用户也自动成为 public 角色的成员。因此，如果想给某个用户授予某些权限，可以将这些权限指定给 public 角色，这样，通过 public 角色，每个用户将得到这些权限。public 角色不能从数据库中删除，同时每个用户也不能从 public 角色中删除。

 **操作步骤**

1. 查看角色信息

创建和使用数据库时，可能需要查找有关 SQL Server 固定服务器角色或数据库角色的信息。

1）查看 SQL Server 固定服务器角色列表

查看 SQL Server 固定服务器角色列表，可以通过执行系统存储过程 sp_helpsrvrole 实现。sp_helpsrvrole 的语法格式如下：

```
sp_helpsrvrole[[@srvrolename=]'<角色名>']
```

其中，角色名参数是要查看的固定服务器角色名称，如默认，表示查看所有固定服务器角色。

2）查看当前数据库中角色的信息

查看当前数据库中数据库角色的信息，可以通过执行系统存储过程 sp_helprole 实现。sp_helprole 的语法格式如下：

```
sp_helprole[[@rolename=]'<角色名>']
```

其中，角色名参数表示当前数据库中某个角色名称，如默认，表示查看所有数据库角色。

3）查看固定服务器角色成员的信息

查看固定服务器角色成员的信息，可以通过执行系统存储过程 sp_helpsrvrolemember 实现。sp_helpsrvrolemember 的语法格式如下：

```
sp_helpsrvrolemember[[@srvrolename=]'<角色名>']
```

其中，角色名参数示要查看的固定服务器角色的名称，如默认，表示查看所有固定服务器角色。

4）查看数据库角色成员的信息

查看数据库角色成员的信息，可以通过执行系统存储过程 sp_helprolemember 实现。sp_helprolemember 的语法格式如下：

```
sp_helprolemember[[@rolename=]'<角色名>']
```

其中，角色名参数是当前数据库中某个角色的名称，如默认，表示查看所有数据库角色。

为了方便管理，有时候需要自定义数据库角色。通过自定义数据库角色将一组相同的权限授予不同的用户。

2. 使用 SQL 语句创建用户自定义数据库角色

创建用户自定义数据库角色可以通过执行系统存储过程 sp_addrole 实现。其基本语法格式为：

```
sp_addrole [@rolename=]'<角色名>'[,[@ownername=]'<所有者>']
```

其中，"角色名"为新角色的名称。"所有者"为新角色的所有者，必须是当前数据库中的某个用户或角色，默认值为 dbo。

【实例 4-10】　在 student 数据库中添加角色 role1。

在查询分析器中输入 SQL 语句并执行，如图 4-35 所示。

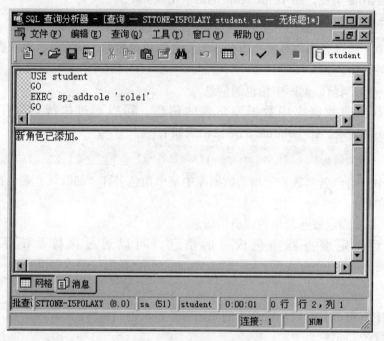

图 4-35　添加角色

> 提示：只有固定服务器角色 sysadmin 和固定数据库角色 db_owner、
> db_securityadmin 的成员，才能执行这一系统存储过程创建用户自定义
> 数据库角色。创建角色后，可以使用 GRANT、DENY、REVOKE 语
> 句设置角色的数据库访问权限。

3. 使用 SQL-EM 创建用户自定义数据库角色

（1）启动 SQL-EM，展开左侧窗口中的指定数据库，单击"角色"节点，在右侧窗口显示出固定数据库角色信息，如图 4-36 所示。

（2）指向左侧窗口"角色"节点，单击鼠标右键，打开快捷菜单，选择"新

建数据库角色"命令，打开"数据库角色属性—新建角色"对话框，如图 4-37
所示。

（3）在"名称"框中输入新建角色的名称，单击鼠标选中"标准角色"选项。
如果需要，单击"添加"按钮，将适当的用户添加至新建的数据库角色中。

（4）单击"确定"按钮，完成定义用户自定义数据库角色。

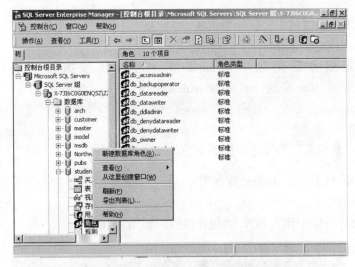

图 4-36　查看固定数据库角色窗口

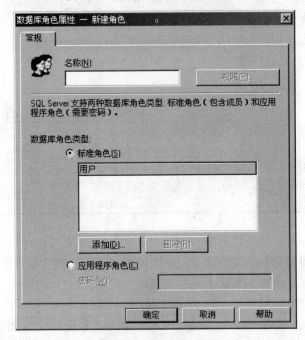

图 4-37　"数据库角色属性—新建角色"对话框

4. 添加角色成员

在 SQL Server 中，将需授予一定权限的用户添加到相应的角色中，就可以实现权限的授予，而不必将权限直接应用到用户账号上。

可以将有效的用户添加到固定服务器角色、固定数据库角色和用户自定义数据库角色中。

1）将用户添加到固定服务器角色

（1）使用 SQL 语句

向固定服务器角色中添加成员，可以通过执行系统存储过程 sp_addsrvrolemember 实现。sp_addsrvrolemember 基本语法格式为：

```
sp_addsrvrolemember [ @loginame = ] '<登录账户名>', [@rolename =] '<角色名>'
```

其中，"角色名"为固定服务器角色。

【实例 4-11】　在 student 数据库中，把登录账户 login1 添加到固定服务器角色 sysadmin 中。

在查询分析器中输入 SQL 语句并执行，如图 4-38 所示。

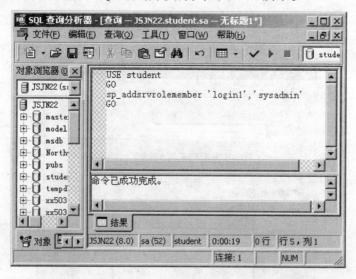

图 4-38　添加固定服务器角色成员

以上实例将名为 login1 的登录用户添加到 sysadmin 固定服务器角色中，这样，login1 用户就拥有 SQL Server 上的所有权限，可以执行任何操作。

（2）使用 SQL-EM

① 启动 SQL-EM，展开左侧窗口中指定数据库服务器"安全性"文件夹，单击"服务器角色"节点，则右侧窗口显示出固定服务器角色信息，如图 4-39 所示。

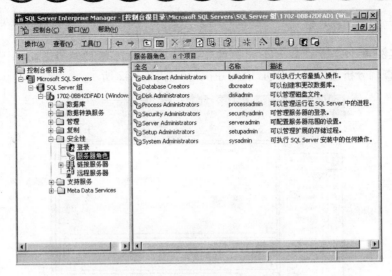

图 4-39　"查看固定服务器角色"窗口

　　② 指向右侧窗口中要添加成员的固定服务器角色，单击鼠标右键，打开快捷菜单，选择"属性"命令，打开"服务器角色属性-sysadmin"对话框，如图 4-40 所示。

　　③ 单击"添加"按钮，打开"添加成员"对话框，如图 4-41 所示。

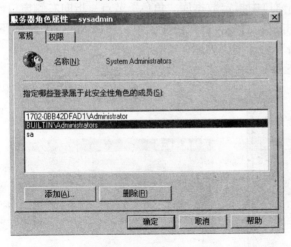

图 4-40　"服务器角色属性-sysadmin"对话框　　　　图 4-41　"添加成员"对话框

　　④ 选择要添加的登录账户，单击"确定"按钮，完成添加成员。

　　2）将用户添加到数据库角色

　　（1）使用 SQL 语句。向数据库角色（包括固定数据库角色和用户自定义数据库角色）中添加成员，可以通过执行系统存储过程 sp_addrolemember 实现。其基本语法格式为：

```
sp_addrolemember [@rolename=]'<角色名>',[@membername=]'<用户名>'
```

【实例 4-12】　在数据库 student 中，把用户 user1 添加到角色 role1 中。

在查询分析器中输入 SQL 语句并执行，如图 4-42 所示。

图 4-42　添加数据库角色成员

（2）使用 SQL-EM。

① 启动 SQL-EM，展开左侧窗口中指定数据库"角色"节点，指向右侧窗口中要添加成员的数据库角色，单击鼠标右键，打开快捷菜单，选择"属性"命令，打开"数据库角色属性-db_owner"对话框，如图 4-43 所示。

② 单击"添加"按钮，打开"添加角色成员"对话框，如图 4-44 所示。

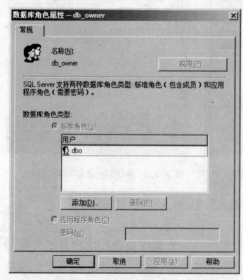

图 4-43　"数据库角色属性-db_owner"对话框　　　　图 4-44　"添加角色成员"对话框

③ 选择要添加的成员，单击"确定"按钮，完成添加数据库角色成员。

5. 删除角色及成员

当某个用户不再需要相应的角色权限时，可以将该用户从指定角色中删除；从角色中删除成员后，该成员原有的该角色权限也自动解除。

1）从固定服务器角色中删除成员

（1）使用 SQL 语句。删除固定服务器角色的成员，可以通过执行系统存储过程 sp_dropsrvrolemember 实现。其语句基本语法格式为：

```
sp_dropsrvrolemember [@loginame=] '<登录账户名>',[@rolename=]
'<角色名>'
```

【实例 4-13】　把登录账户 login1 从固定服务器角色 sysadmin 中删除。

在查询分析器中输入 SQL 语句并执行，如图 4-45 所示。

图 4-45　删除固定服务器角色成员

（2）使用 SQL-EM。

① 启动 SQL-EM，展开左侧窗口中指定数据库服务器"安全性"文件夹，单击"服务器角色"节点，指向右侧窗口要删除成员的固定服务器角色，单击鼠标右键，打开快捷菜单，选择"属性"命令，弹出"服务器角色属性"对话框，见图 4-40 所示。

② 单击"删除"按钮，再单击"确定"按钮，完成删除成员。

2）从数据库角色中删除成员

（1）使用 SQL 语句。从数据库角色（包括固定数据库角色和用户自定义数据库角色）中删除成员，可以通过执行系统存储过程 sp_droprolemember 实现。其基本语法格式为：

```
sp_droprolemember [@rolename=]'<角色名>',[@membername=]'<用户名>'
```

【实例 4-14】把用户 user1 从角色 role1 中删除。

在查询分析器中输入 SQL 语句并执行，如图 4-46 所示。

图 4-46　删除数据库角色成员

（2）使用 SQL-EM。

① 启动 SQL-EM，展开左侧窗口中指定数据库"角色"节点，指向右侧窗口中要删除成员的数据库角色，单击鼠标右键，打开快捷菜单，选择"属性"命令，打开"数据库角色属性-db_owner"对话框，单击选择要删除的成员，如图 4-47 所示。

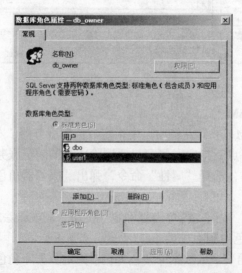

图 4-47　"数据库角色属性-db_owner"对话框

② 单击"删除"按钮，再单击"确定"按钮，完成删除成员。

3）删除数据库角色

（1）使用 SQL 语句。从当前数据库中删除指定的数据库角色，可以通过执行系统存储过程 sp_droprole 实现。其基本语法格式为：

```
sp_droprole [@rolename=]'<角色名>'
```

其中，'<角色名>'参数指定从当前数据库中删除的数据库角色名称。'<角色名>'必须已经存在于当前数据库中，且不能是固定角色及 public 角色。

【实例 4-15】　在 student 数据库中删除角色 role1。

在查询分析器中输入 SQL 语句并执行，如图 4-48 所示。

图 4-48　删除用户自定义数据库角色

使用 sp_dropprole 删除角色时需要注意：如果删除的角色还拥有任何对象，那么就不能将其删除，因此，应在删除角色之前先删除其包含的对象。

（2）使用 SQL-EM。

① 启动 SQL-EM，展开左侧窗口中指定数据库，单击"角色"节点，指向右侧窗口中要删除的角色，单击鼠标右键，打开快捷菜单，选择"删除"命令，打开"确认删除用户自定义数据库角色"对话框，如图 4-49 所示。

图 4-49　确认删除用户自定义数据库角色对话框

② 单击"确定"按钮，完成删除用户自定义数据库角色。

4.3　数据库存储结构管理

SQL Server 2000 使用一组操作系统文件来映射数据库。SQL Server 2000 的数据库是由一系列的文件和文件组组成的。数据库中的对象都是存储在特定的文件中的。

4.3.1　数据库文件管理

 学习目标

➢　熟悉数据库文件类型
➢　掌握向数据库中添加数据文件
➢　熟练掌握数据文件的管理

 相关知识

SQL Server 2000 的数据库文件可以包含 3 类文件。

（1）主数据库文件。主数据文件扩展名为 mdf，每个数据库都必须有且仅有一个主数据文件。

（2）次数据库文件。次数据文件扩展名为 ndf，每个数据库可以没有也可以有多个次数据文件。当一个单文件超过了 Windows 所允许的最大长度时，可以使用次数据文件使数据库长度继续增长。另外，使用次数据文件可以将数据存储到不同的磁盘上，以分散数据同时也可以加快数据的存取速度。

（3）日志文件。日志文件扩展名为 ldf，每个数据库必须至少有一个日志文件。SQL Server 2000 对数据库进行操作前，首先会自动将所要进行的操作记录到事务日志文件中，当数据库出现意外时就可以通过备份库和事务日志文件来恢复数据库。

主数据库文件包含数据库的启动信息，并用于存储数据。次数据库文件含有不能置于主数据库文件中的所有数据，如果主数据库文件中可以包含数据库中的所有数据，那么数据库就不需要次数据库文件了。事务日志文件包含用于恢复数据库的日志信息。

采用多个数据库文件来存储数据的优点体现在：

● 数据库文件可以不断扩充，而不受操作系统文件大小的限制；
● 可以将数据库文件存储在不同的硬盘中，这样可以同时对几个硬盘做数据存取，提高了数据处理的效率。对于服务器型的计算机尤为有用。

在 SQL Server 2000 中，某个数据库中的所有文件的位置都记录在主数据库和该数据库的主文件中。大多数情况下，数据库引擎使用主数据库中的文件位置信息。不过对于某些操作，数据库引擎使用主文件中的文件位置信息初始化主数据库中的文件位置项：

- 当使用 sp_attach_db 系统存储过程附加数据库时。
- 当从 SQL Server 7.0 版升级到 SQL Server 2000 时。
- 当还原 master 数据库时。

 操作步骤

1. 添加文件

若要创建数据库，必须先确定数据库的名称、所有者（创建数据库的用户）、大小，以及用于存储该数据库的文件和文件组。因此，在创建数据库时，首先要指定该数据库的文件，以及文件的初始大小和增长速度。

SQL Server 2000 文件可以从它们最初指定的大小自动增长。定义文件时可以指定增量。每次填充文件时，均按这个增量值增加它的大小。如果在文件组中有多个文件，这些文件在全部填满之前不自动增长。填满后，这些文件使用循环算法进行增长。还可以指定每个文件的最大值。如果没有指定最大值，文件可以一直增长到用完磁盘上的所有可用空间。

在创建数据库（详细内容参见 2.1.2）时，可以通过 SQL 语句，SQL-EM 以及数据库创建向导分别添加文件。

1）使用 SQL 语句

使用 SQL 语句创建数据库时，需要设置文件的属性，具体设置如下：

```
(NAME=<逻辑文件名>
[,FILENAME='<物理文件名>']
[,SIZE=<文件大小>]
[,MAXSIZE={<文件最大尺寸>|UNLIMITED}]
[,FILEGROWTH=<文件增量>])
```

其中，设置了文件的逻辑、物理文件名，文件初始大小，最大尺寸及文件增长幅度。默认情况下，系统自动为数据库文件分配的初始大小为 1MB。

【实例 4-16】　在 D 盘 example 文件夹下创建一个 Educational 数据库，包含 3 个数据文件。主数据文件的逻辑文件名为 EducationalData，实际文件名为 EducationalDat1.mdf，两个次数据文件的逻辑文件名分别为 Educational1 和 Educational2，实际文件名分别为 EducationalDat2.ndf 和 EducationalDat3.ndf。上述文件的初始容量均为 5MB，最大容量均为 50MB，递增量均为 1MB。

在查询分析器中输入 SQL 语句并执行，如图 4-50 所示。

图 4-50　创建数据库 Educational

2）使用 SQL-EM

【实例 4-17】　利用 SQL-EM 创建实例 2-4 中的数据库 student，将文件名设置为 studata.mdf，初始大小为 2MB，文件按 10%的速度增长，数据库文件最大为 100MB。

（1）启动 SQL-EM，展开服务器，指向左侧窗口的"数据库"节点，单击鼠标右键，打开快捷菜单，选择"新建数据库"命令。

（2）输入新数据库的名称。用指定的数据库名作为前缀创建主数据和事务日志文件，例如：student_Data.mdf 和 student_Log.ldf。数据库和事务日志文件的初始大小与为 model 数据库指定的默认大小相同。主文件中包含数据库的系统表。

（3）要更改新建主数据库文件的默认值，单击"数据文件"选项卡，如图 4-51 所示。若要更改新建事务日志文件的默认值，单击"事务日志"选项卡（参见 4.3.3 节事务日志文件的管理）。

（4）要更改"文件名"、"位置"、"初始大小（MB）"和"文件组"（不适用于事务日志）等列的默认值，单击要更改的适当单元格，再输入新值，如图 4-51 所示。

（5）当需要更多的数据空间时，若要允许当前选定的文件增长，选择"文件自动增长"复选框；要指定文件按固定步长增长，选择"按兆字节"单选钮，并指定一个值；若要指定文件按当前大小的百分比增长，选择"按百分比"单选钮，并指定一个值。

这里选择"文件自动增长"，以及文件"按百分比"选项，并设值为 10%，如图 4-51 所示。

（6）若要允许文件按需求增长，选择"文件增长不受限制"单选钮；若要指定允许文件增长到的最大值，选择"将文件增长限制为（MB）"单选钮。

这里选择"将文件增长限制为（MB）"单选钮，设置文件增长的最大值为 100MB，如图 4-51 所示。

图 4-51　数据库文件设置

2. 修改文件

1）使用 SQL 语句

修改数据库时，可以利用 Alter Database 语句更改文件的属性，例如，更改文件的名称和大小。具体语法参见 2.1.2 数据库的建立。

【实例 4-18】　将实例 4-16 的数据库 Educational 的主数据文件大小调整为 12MB。

在查询分析器中输入 SQL 语句并执行，如图 4-52 所示。

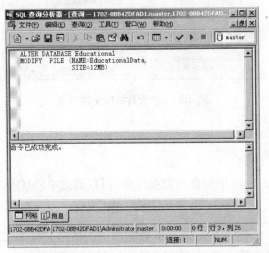

图 4-52　修改数据库 Educational 的主数据文件大小

2）使用 SQL-EM

修改数据库可以用企业管理器，因此，修改数据文件也可以通过 SQL-EM 实现。下面以扩大 Educational 数据库为例，介绍使用 SQL-EM 修改数据文件的方法。

（1）启动 SQL-EM，展开左侧窗口"数据库"文件夹，指向 Educational 数据库节点，单击鼠标右键，打开快捷菜单，选择"属性"命令，打开"数据库属性"对话框。

（2）单击"数据文件"选项卡，对构成该数据库的数据文件进行修改，如图 4-53 所示。在该对话框中可以进行扩大数据库容量的操作，但值得注意的是，在这里不可以进行缩小数据库容量的操作，也就是说新设定的数据库文件的大小必须比原来的大，且必须按至少 1MB 增加数据库的大小。若想将 Educational 数据库的主数据文件的大小由现在的 12MB 增加到 20MB，只需在"分配的空间"栏中输入 20 即可。同样的，可以利用该对话框来扩大次要数据库文件的大小。只要单击第二行文件名位置，输入相应的次数据文件名及位置、大小即可。

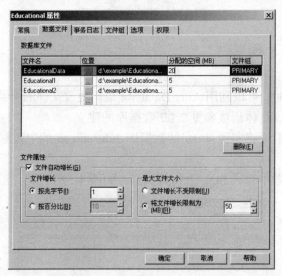

图 4-53　扩大数据库文件容量

3．删除文件

1）使用 SQL 语句

利用 Alter Database 语句修改数据库时，可以通过 REMOVE FILE 命令删除数据库文件。

【实例 4-19】　删除 Educational 数据库中的数据文件 Educational2。

在查询分析器中输入 SQL 语句并执行，如图 4-54 所示。

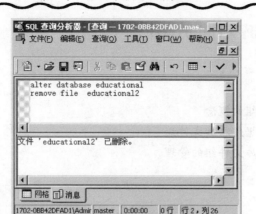

图 4-54　删除数据文件

2）使用 SQL-EM

可以通过 SQL-EM 删除数据库文件，这里以删除 Educational 数据库中的 Educatinal1 数据文件为例来说明。

（1）启动 SQL-EM，展开左侧窗口"数据库"文件夹，指向 Educational 数据库节点，单击鼠标右键，打开快捷菜单，选择"属性"命令，打开"数据库属性"对话框。

（2）单击"数据文件"选项卡，如图 4-55 所示，在这里可以删除该数据库中的文件。选择要删除的文件所在的行，单击"删除"按钮，出现如图 4-55 所示的提示框，单击"确定"按钮，Educationl1 文件被删除。

图 4-55　删除数据文件

提示：只有在文件为空时才能删除。

4.3.2　数据库文件组的管理

　学习目标

> ➤　了解文件组的概念
> ➤　掌握向数据库添加文件组
> ➤　掌握数据库文件组的管理

　相关知识

　　文件组是文件的集合，允许对文件进行分组，以便于管理数据的分配和放置。当一个数据库由多个文件组成时，可以将这些数据库文件存储在不同的地方，然后使用文件组把它们作为一个单元来管理。当系统硬件上包含了多个硬盘时，可以把特定的文件分配到不同的磁盘上，加快数据读/写速度。例如，可以分别在 3 个硬盘驱动器上创建 3 个文件（Data1.ndf、Data2.ndf 和 Data3.ndf），并将这 3 个文件指派到文件组 fgroup 中，然后，可以明确地在文件组 fgroup 上创建一个表。对表中数据的查询将分散到 3 个硬盘上，因而性能得以提高。

　　SQL Server 2000 一共有 3 种类型的文件组。

　　1）主（Primary）文件组

　　这些文件组包含主数据文件以及任何其他没有放入其他文件组的文件。系统表的所有页都从主文件组分配，主文件组不能被修改。SQL Server 2000 至少包含一个文件组，即主文件组。

　　2）用户自定义文件组

　　用户自定义文件组包括出于分配和管理目的而分组的数据文件。该文件组是用 CREATE DATABASE 或 ALTER DATABASE 语句中的 FILEGROUP 关键字，或在 SQL Server 企业管理器内的"属性"对话框上指定的任何文件组。

　　3）默认（default）文件组。

　　默认文件组包含在创建时没有指定文件组的所有表和索引的页。在每个数据库中，每次只能有一个文件组是默认文件组。任何时候只能有一个文件组被指定为默认文件组。当创建一个数据库时，主文件组自动成为默认的文件组。对于未指定存储位置的数据库对象，将存储在默认文件组中。

　操作步骤

1．创建文件组

　　文件组不能独立于数据库文件创建。文件组是在数据库中对文件进行分组的一种管理机制。SQL Server 2000 在没有文件组时也能有效地工作，因此，许多系统不需要指定用户定义文件组。在这种情况下，所有文件都包含在主文件组中，而且 SQL Server 2000 可以在数据库内的任何位置分配数据。文件组不是在多个驱动器之间分配 I/O 的唯一方法。

最多可以为每个数据库创建 256 个文件组。文件组只能包含数据文件。事务日志文件不能是文件组的一部分。

在建立文件组时，必须遵循下面的 3 条规则：

- 数据库文件不能与一个以上的文件组关联。当你分配一个表或索引到一个文件组时，与该表或索引关联的所有页都会与该文件组关联。
- 事务日志文件不能加到文件组里。事务日志数据与数据库数据的管理方式不同。
- 只有文件组中任何一个文件都没有空间了，文件组的文件才会自动增长。

需要注意的是，可以将用户文件组设成只读，数据不能更改，但可以修改目录以执行权限管理等工作。

在创建数据库（参见 2.1.2）时，可以通过 T-SQL 语句，企业管理器以及数据库创建向导分别添加文件组，同时也可以通过修改数据库语句 ALTER DATABASE 向数据库中添加文件组。下面分别以实例说明。

【实例 4-20】 在 SQL Server 2000 的默认实例上创建数据库 MyDB。该数据库包括一个主要数据文件、一个用户定义的文件组和一个事务日志文件。主要数据文件在主文件组中，而用户定义文件组有两个次要数据文件。最后，通过指定用户定义的文件组来创建数据表 MyTable。

在查询分析器上输入 SQL 语句并执行，如图 4-56 所示。

图 4-56 实例 4-20 的执行结果

【实例 4-21】　　在实例 4-20 创建的数据库 MyDB 中创建两个文件组 MyDB_FG2，MyDB_FG3 并将两个 5MB 的文件添加到 MyDB_FG2 文件组。

在查询分析器上输入 SQL 语句并执行，如图 4-57 所示。

图 4-57　实例 4-21 的执行结果

2. 更改文件组

ALTER DATABASE 语句可以在数据库中添加文件组，同时也可以利用 MODIFY FILEGROUP 命令更改文件组的属性。下面通过 ALTER DATABASE 语句将文件组 MyDB_FG2 设置为数据库 MyDB 的主文件组，使用的语句如下：

```
ALTER DATABASE MyDB
MODIFY FILEGROUP MyDB_FG2 DEFAULT
```

3. 删除文件组

1）使用 SQL 语句

可以使用 ALETR DATABASE 语句的 REMOVE FILEGROUP 命令删除数据库中的文件组。

【实例 4-22】　　删除数据库 MyDB 中的文件组 MyDB_FG3。

在查询分析器中输入 SQL 语句并执行，如图 4-58 所示。

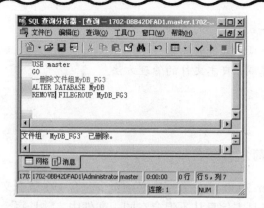

图 4-58 删除文件组

2）使用 SQL-EM

删除文件组不仅可以通过 SQL 语句实现，也可以在企业管理器中进行。

如果要删除 MyDB 数据库中的一个文件组，首先打开该数据库的属性，选择"文件组"选项卡，如图 4-59 所示。选择要删除文件组的所在行，然后单击"删除"按钮即可。删除文件组时需注意，必须保证该文件组不是默认文件组，同时该文件组里面不能包含任何文件。

图 4-59 数据库属性—"文件组"选项卡

4.3.3 事务日志文件的管理

 学习目标

➤ 熟悉事务日志文件的概念

> ➤ 掌握事务日志文件的添加
> ➤ 掌握事务日志文件的删除
> ➤ 熟练掌握事务日志文件的管理方法

 相关知识

1. 事务日志简介

在 SQL Server 2000 中，数据库必须至少包含一个数据文件和一个事务日志文件。数据和事务日志信息从不混合在同一文件中，并且每个文件只能由一个数据库使用。日志文件是用来记录数据库更新情况的文件，扩展名为 ldf。例如，使用 INSERT、UPDATE、 DELETE 等对数据库进行更改的操作都会记录在此文件中，而如 SELECT 等对数据库内容不会有影响的操作则不会记录在案。一个数据库可以有一个或多个事务日志文件。

SQL Server 使用各数据库的事务日志来恢复事务。事务日志是数据库中已发生的所有修改和执行每次修改的事务的一连串记录。事务日志记录每个事务的开始。它记录了在每个事务期间，对数据的更改及撤消所做更改（以后如有必要）所需的足够信息。对于一些大的操作（如 CREATE INDEX），事务日志则记录该操作发生的事实。随着数据库中发生被记录的操作，日志会不断地增长。

2. 事务日志支持的操作

事务日志支持以下操作。

1）恢复个别的事务

如果应用程序发出 ROLLBACK 语句，或者数据库引擎检测到错误（如失去与客户端的通信），就使用日志记录回滚未完成的事务所做的修改。

2）SQL Server 启动时恢复所有未完成的事务

当运行 SQL Server 的服务器发生故障时，数据库可能处于这样的状态：还没有将某些修改从缓存写入数据文件，在数据文件内有未完成的事务所做的修改。当启动 SQL Server 实例时，它对每个数据库执行恢复操作。前滚日志中记录的、可能尚未写入数据文件的每个修改。在事务日志中找到的每个未完成的事务都将回滚，以确保数据库的完整性。

3）将还原的数据库、文件、文件组或页前滚到故障点

在硬件丢失或磁盘故障影响到数据库文件后，可以将数据库还原到故障点。先还原上次完整数据库备份和上次差异数据库备份，然后将后续的事务日志备份序列还原到故障点。当还原每个日志备份时，数据库引擎重新应用日志中记录的所有修改，以前滚所有事务。当最后的日志备份还原后，数据库引擎将使用日志

信息回滚到该点未完成的所有事务。

4）支持事务复制

日志读取器代理程序监视已为事务复制配置的每个数据库的事务日志，并将已设复制标记的事务从事务日志复制到分发数据库中。

5）支持备份服务器解决方案

备份服务器解决方案、数据库镜像和日志传送极大程度地依赖于事务日志。在日志传送方案中，主服务器将主数据库的活动事务日志发送到一个或多个目标服务器。每个辅助服务器将该日志还原为其本地的辅助数据库。

 **操作步骤**

1. 管理日志文件的大小

如果从来没有从事务日志中删除日志记录，逻辑日志就会一直增长，直到填满容纳物理日志文件的磁盘上的所有可用空间。这就是很多用户担心日志文件一直增长，并最终因为无可利用的资源而导致系统崩溃的原因。其实，只要正确地从事务日志文件中删除日志记录，日志文件的空间得以重复利用，就可以把数据库的日志文件控制在一个范围内不再增长。

从事务日志中删除日志记录，以减小逻辑日志的大小过程称为截断日志，每个事务日志文件都被逻辑地分成称为虚拟日志文件的较小段。虚拟日志文件是事务日志文件的截断单位。当虚拟日志文件不再包含活动事务的日志记录时，可以对其进行截断处理，使其空间可用于记录新事务。

日志截断在下列情况下发生：

● 执行完 BACKUP LOG 语句时。

如果数据库使用的是简单恢复模式，在每次检查点时会进行日志截断。

提示： 日志截断只减小逻辑日志文件的大小，而不减小物理文件的大小，如果要减小日志文件的物理大小，应该收缩物理日志文件。这意味着日志文件可能占用了 2GB 的磁盘空间，但日志文件中包含的有用日志记录信息可能只有几百 KB。

在下列情况下，日志文件的物理大小将减少：

● 执行 DBCC SHRINKDATABASE 语句时。

● 执行引用日志文件的 DBCC SHRINKFILE 语句时。

● 自动收缩操作发生时。

日志收缩操作依赖于最初的日志截断操作。日志截断操作不减小物理日志文件的大小，但减小逻辑日志的大小，并将没有容纳逻辑日志任何部分的虚拟日志标记为不活动。日志收缩操作会删除足够多的不活动虚拟日志，将日志文件减小到要求的大小。

2. 添加日志文件

和添加数据库文件一样，可以添加事务日志文件以扩展数据库，但是事务日志文件不能放置在压缩的文件系统中。向数据库中添加事务日志文件时，需要指定事务日志文件的初始大小。如果文件中的空间已用完，可以设置该文件应增长到的最大大小。如果需要，还可以设置文件增长的增量。如果未指定文件的最大大小，那么文件将无限增长，直到磁盘已满。如果未指定文件增量，日志文件的默认增量为 10%，最小增量为 64KB。

SQL Server 对每个文件组内的所有文件使用按比例填充策略，并写入与文件中可用空间成比例的数据量。这可以使新文件立即投入使用。通过这种方式，所有文件通常可以几乎同时充满。但是，事务日志文件不能作为文件组的一部分，它们是相互独立的。事务日志增长时，使用填充到满的策略而不是按比例填充策略，先填充第一个日志文件，然后填充第二个，依此类推。因此，当添加日志文件时，事务日志无法使用该文件，直到其他文件已先填充。

可以使用 SQL 语句和 SQL-EM 添加事务日志文件。

1）使用 SQL 语句

【实例 4-23】　向实例 4-17 创建的 student 数据库中添加一个事务日志文件，文件名为 d:\mysql\data\student2.ldf，逻辑文件名为 student2_log，日志文件初始大小为 1MB，且文件增长不受限制，增长幅度为 2MB。

在查询分析器中输入 SQL 语句执行，如图 4-60 所示。

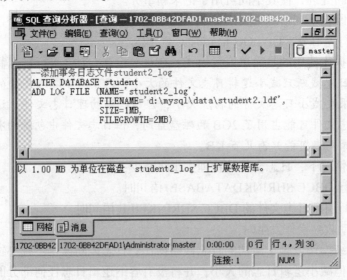

图 4-60　实例 4-23 运行结果

2）使用 SQL-EM

【实例 4–24】　利用 SQL-EM 向实例 4-17 创建的 student 数据库中添加一个事务日志文件，文件名为 d:\mssql\data\student1.ldf，逻辑文件名为 student1_log，日志文件初始大小为 1MB，且文件增长不受限制，增长幅度为 2MB。

（1）启动 SQL-EM，展开服务器，指向左侧窗口的"数据库"节点，展开数据库，然后右键单击 student 数据库，选择"属性"命令。

（2）在"数据库属性"对话框中，选择"事务日志"选项卡，选择 stuent_log 日志文件所在网格的下一行，添加新的日志文件。其中逻辑文件名为 student1_log，单击位置按钮，设置路径 d:\mysql\data\，文件名为 student1.ldf。在文件属性里选择"文件自动增长"复选框，设置文件增长幅度为 2MB，且增长不受限制，如图 4-61 所示。

（3）单击"确定"按钮，完成事务日志文件的添加。

3. 删除日志文件

删除事务日志文件将从数据库中删除该文件。只有文件中没有事务日志信息时，才可以从数据库中删除文件；文件必须完全为空，才能够删除。将事务日志数据从一个日志文件移至另一个日志文件不能清空事务日志文件。若要从事务日志文件中删除不活动的事务，必须截断或备份该事务日志。事务日志文件不再包含任何活动或不活动的事务时，可以从数据库中删除该日志文件。

图 4-61　事务日志添加

1）使用 SQL 语句

使用 ALTER DATABASE 语句修改数据库时，利用 REMOVE FILE 命令可以删除数据库事务日志文件。

【实例 4-25】 删除实例 4-23 添加到 student 数据库中的事务日志文件
student2_log。

在查询分析器中输入 SQL 语句并执行，如图 4-62 所示。

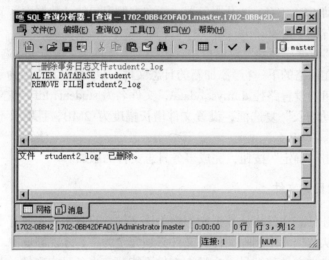

图 4-62　实例 4-25 运行结果

2）使用 SQL-EM

【实例 4-26】 利用 SQL-EM 删除实例 4-23 添加到 student 数据库中的事务
日志文件 student2_log。

（1）启动 SQL-EM，展开服务器，指向左侧窗口的"数据库"节点，展开数
据库，然后右键单击 student 数据库，选择"属性"命令。

（2）在"数据库属性"对话框中，选择"事务日志"选项卡。

（3）在"事务日志文件"网格中，选择要删除的文件 student2_log 所在行，
再单击"删除"按钮即可。

本章习题

1．SQL Server 2000 包括哪些版本？其中能够在 Windows 2000 Advanced Server 上安装的可
以有哪几个版本？

2．SQL Server 2000 对软、硬件环境有什么要求？

3．SQL Server 有哪两种身份验证模式？有何区别？

4．登录账号和用户账号有何不同，它们之间的联系是什么？

5．简述 SQL Server 2000 对登录账户的认证过程。

6．SQL Server 中有哪几种角色？它们有何不同？

7．服务器角色和数据库角色有什么区别？

8．组成 SQL Server 2000 数据库的文件类型包括哪几个？扩展名是什么？一个数据库中，各文件分别可以有多少个？

9．什么是文件？

10．简述文件组的概念。

11．什么是事务日志文件？

12．如何用 SQL-EM 添加、删除数据文件？

13．如何用 T-SQL 语句添加、删除数据文件？

14．如何用 T-SQL 语句添加、删除事务日志文件？

第5章 数据挖掘与分析

本章讲述了 SQL Server 2000 数据挖掘的基本知识和视图。主要包括：数据挖掘的概念、发展、任务、分类，以及数据挖掘的方法和工具、视图。

数据挖掘是在大型数据存储库中，自动地发现有用信息的过程。数据挖掘技术用来探查大型数据库，发现先前未知的有用模式。

数据挖掘技术是人们长期对数据库技术进行研究开发的结果，它使数据库技术进入了一个更高级的阶段，不仅能对历史数据进行查询和遍历，而且能够找出历史数据之间的潜在联系，促进信息的传递，进而"自动"或者帮助人们发现新的知识。

通常，数据挖掘任务分为预测任务和描述过程两大类。

数据挖掘常见和应用最广泛的算法和模型有：传统统计方法、可视化技术、决策树、神经网络、遗传算法、关联规则挖掘算法。

一般来讲，数据挖掘工具根据其适用的范围分为两类：专用数据挖掘工具和通用数据挖掘工具。专用数据挖掘工具是针对某个特定领域的问题提供解决方案，在涉及算法的时候充分考虑了数据、需求的特殊性，并作了优化；而通用数据挖掘工具不区分具体数据的含义，采用通用的挖掘算法，处理常见的数据类型。

视图是一个虚拟表，其内容由查询定义。视图是数据库中非常重要的一种对象，是同时查看多个表中数据的一种方式。从理论上讲，任何一条 SELECT 语句都可以构造一个视图。在视图中被检索的表称为基表，一个视图可以包含多个基表。视图就是建立在多个基表（或者视图）上的一个虚拟表，访问这个虚拟表就可以浏览一个或多个表中的部分或全部数据。在实际应用中，当为一条复杂的 SELECT 语句构造一个视图后，以后就可以从视图中非常方便地检索信息，而不需要再重复书写该语句。

一旦创建了一个视图，就可以像表一样对视图进行操作了。与表不同的是，视图只存在结构，数据是在运行视图时从基表中提取的。所以如果修改了基表的数据，视图并不需要重新构造，当然也不会出现数据的不一致性问题。

5.1 数据挖掘基础知识

5.1.1 数据挖掘概述

 学习目标

➢ 理解数据挖掘的概念
➢ 了解数据挖掘技术的产生和发展
➢ 了解数据技术的分类

 相关知识

1．基本概念

数据挖掘（Data Ming）是一个多学科交叉研究领域，它融合了数据库（Database）技术、人工智能（Artificial Intelligence）、机器学习（Machine Leaning）、统计学（Statistics）、知识工程（Knowledge Engineering）、面向对象方法（Object-Oriented Method）、信息检索（Information Retrieval）、高性能计算（High-Performance-Computing），以及数据可视化（Data Visualization）等最新技术的研究成果。经过十几年的研究，产生了许多新概念和新方法。特别是最近几年，一些基本概念和方法趋于清晰，它的研究正向着更深入的方向发展。

数据挖掘之所以被称为未来信息处理的骨干技术之一，主要在于它以一种全新的概念改变着人类利用数据的方式。20 世纪，数据库技术取得了决定性的成果并且已经得到广泛的应用。但是，数据库技术作为一种基本的信息存储和管理方式，仍然以联机事务处理（On-Line Transaction Processin，OLTP）为核心应用，缺少对决策、分析、预测等高级功能的支持机制。众所周知，随着数据库容量的膨胀，特别是数据仓库（Data Warehouse）及 Web 等新型数据源的日益普及，联机分析处理（On-Line Analytic Processins，OLAP）、决策支持（Decision Support）以及分类（Classmcation）、聚类（Clustering）等复杂应用成为必然。面对这一挑战，数据挖掘和知识发现（Knowledge Discovery）技术应运而生，并显示出强大的生命力。数据挖掘和知识发现使数据处理技术进入了一个更高级的阶段。它不仅能对过去的数据进行查询，而且能够找出过去数据之间的潜在联系，进行更高层次的分析，以便更好地做出理想的决策、预测未来的发展趋势等。通过数据挖掘，有价值的知识、规则或高层次的信息就能从数据库的相关数据集合中抽取出来，从而使大型数据库作为一个丰富、可靠的资源为知识的提取服务。

1）什么是数据挖掘

数据挖掘是在大型数据存储库中，自动地发现有用信息的过程。数据挖掘技术用来探查大型数据库，发现先前未知的有用模式。数据挖掘还具有预测未来观测结果的能力，例如，预测一位新的顾客是否会在一家百货公司消费 100 美元以上。

数据挖掘与传统的数据分析（如查询、报表、联机应用分析）的本质区别是，数据挖掘是在没有明确假设的前提下去挖掘信息、发现知识的。数据挖掘所得到的信息应具有先前未知、有效和可实用 3 个特征，先前未知的信息是指该信息是预先未曾预料到的。数据挖掘是要发现那些不能靠直觉发现的信息或知识，甚至是违背直觉的信息或知识，挖掘出的信息越是出乎意料，就可能越有价值。在商业应用中最典型的例子就是一家连锁店通过数据挖掘发现了小孩尿布和啤酒之间有着惊人的联系。

2）数据挖掘与知识发现

谈到数据挖掘，必须提到另外一个名词：数据库中的知识发现（Knowledge Discovery in Database，KDD）。

KDD 是一个更广义的范畴，它包括输入数据、数据预处理、数据挖掘、后处理等一系列步骤。这样，可以把 KDD 看做是一些基本功能构件的系统化协同工作系统，而数据挖掘则是这个系统中的一个关键部分，而 KDD 是将未加工的数据转换为有用信息的整个过程，如图 5-1 所示。该过程包括一系列转换步骤，从数据的预处理到数据挖掘结果的后处理。

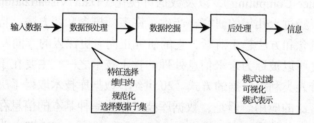

图 5-1　数据库中知识发现（KDD）的过程

输入数据可以以各种形式存储（平展文件、电子数据表或关系表），并且可以驻留在集中的数据存储库中，或分布在多个站点上。数据预处理（preprocessing）的目的是将未加工的输入数据转换成适合分析的形式。数据预处理涉及的步骤包括融合来自多个数据源的数据，清洗数据以消除噪声和重复的观测值，选择与当前数据挖掘任务相关的记录和特征。由于收集和存储数据的方式可能有多种，数据预处理可能是整个知识发现过程中最费力、最耗时的步骤。

"结束循环（closing the loop）"通常指将数据挖掘结果集成到决策支持系统的过程。例如，在商务应用中，数据挖掘的结果所揭示的规律可以与商务活动管理工具集成，使得可以进行和测试有效的商品促销活动。这样的集成需要后处理（postprocessing）步骤，确保只将那些有效的和有用的结果集成到决策支持系统中。

后处理的一个例子是可视化，它使得数据分析者可以从各种不同的视角探查数据和数据挖掘结果。在后处理阶段，还能使用统计度量或假设检验，删除虚假的数据挖掘结果。

2. 数据挖掘的产生与发展

任何一项新技术都是基于实际需要而产生的。数据挖掘也不例外。

自 20 世纪 60 年代以来，数据库技术开始系统地从原始的文件处理发展为复杂的功能强大的数据库系统，发展阶段可粗分为数据搜集、数据访问和数据仓库 3 个阶段，如表 5-1 所示。数据库系统也从早期的层状和网状数据库系统发展为关系数据库系统，结构化查询语言、联机事务处理、多维数据库等技术使大量数据的有效存储、检索和管理成为可能。自 20 世纪 80 年代以来，人们研究开发了各种新的功能强大的数据库系统，包括空间的、时间的、多媒体的事务数据库和科学数据库、知识库、办公信息库在内的数据库系统大量出现，并被普遍应用。随着网络技术的发展，基于 Internet 的 Web 数据库也被广泛研究和应用。

表 5-1　数据库的发展历史

发 展 阶 段	商 业 问 题	支 持 技 术	产 品 厂 家	产 品 特 点
数据搜集（20世纪60年代）	过去五年中我的总收入是多少	计算机、磁带和磁盘	IBM，CDC	提供历史性的、静态的数据信息
数据访问（20世纪80年代）	去年三月的销售额是多少	关系数据库（RDBMS），结构化查询语言（SQL），ODBC	Oracle，Sybase，Informix，IBM，Microsoft	在记录级提供历史性的、动态数据信息
数据仓库；决策支持（20世纪90年代）	去年三月的销售额是多少？据此可得出什么结论	联机分析处理（OLAP）、多维数据库、数据仓库	Pilot，Comshare，Arbor，Cognos，Microstrategy	在各种层次上提供回溯的、动态的数据信息
数据挖掘（目前流行）	下个月的销售会怎么样？为什么	高级算法、多处理器计算机、海量数据库	SPSS，SAS，IBM，SGI 等其他公司	提供预测性的信息

数据库技术的应用给人们对大量甚至海量数据的存储、管理和查询带来了极大方便。

与此同时，出现了一个新的问题：数据丰富，但信息（知识）贫乏。快速增长的海量数据收集、存放在大量的大型数据库中，如果没有强有力的分析工具，人们无法有效地理解和利用它们。这些海量数据的利用率很低，有的甚至成为了"数据坟墓"，难得再访问的数据。此外，20 世纪下半叶发展起来的专家系统，也遇到"知识获取"这一瓶颈问题。在此背景下，对强有力的数据分析工具的需求推动了数据挖掘技术的产生。

数据挖掘技术是人们长期对数据库技术进行研究开发的结果，它使数据库技术进入了一个更高级的阶段，不仅能对历史数据进行查询和遍历，而且能够找出历史数据之间的潜在联系，促进信息的传递，进而"自动"或者帮助人们发现新的知识。

研究数据挖掘的历史，可以发现它的产生和快速发展是与商业数据库的飞速增长应用分不开的。特别是在 20 世纪 90 年代时，较为成熟的数据仓库广泛应用于各种领域，人们把存放在这些数据仓库中的原始数据看做是形成知识的源泉，是蕴涵知识黄金的金矿，数据挖掘作为一个强有力的采矿机应运而生。原始数据可以是结构化的，如关系数据库中的数据；也可以是半结构化的，如文本、图形、图像数据；甚至还可以是分布在网络上的异构型数据。数据挖掘的方法可以是数学的，也可以是非数学的；可以是演绎的，也可以是归纳的。发现的知识可以用于信息管理、查询优化、决策支持、过程控制等，还可以用于数据自身的维护。

特别要指出的是，数据挖掘技术从一开始就是面向应用的。它不仅是面向特定数据库的简单查询，而且要对这些数据进行微观、中观乃至宏观的统计、分析、综合和推理，以指导实际问题的求解，企图发现事件间的相互关联，甚至利用已有的数据对未来的活动进行预测。如此就把人们对数据的应用，从低层次的末端查询操作，提高到为各级决策者提供决策支持。这种需求驱动比数据库查询更为强大。同时还要指出的是数据挖掘的目的，不是要求发现放之四海皆准的真理，不是去发现崭新的自然科学定理和纯数学公式，更不是机器定理证明。数据挖掘得到的知识是相对的，有特定前提和约束条件，是面向特定领域的。由此也要求数据挖掘的结果必须是易于理解的，最好能用自然语言来表达。

最近，Gartner Group 的一次高级技术调查将数据挖掘和人工智能列为"未来 3～5 年内将对工业产生深远影响的五大关键技术"之首，并且还将并行处理体系和数据挖掘列为未来 5 年内投资焦点的十大新兴技术前两位。根据最近 Gartner 的 HPC 研究表明，"随着数据捕获、传输和存储技术的快速发展，大型系统用户将更多地需要采用新技术来挖掘市场以外的价值，采用更为广阔的并行处理系统来创建新的商业增长点"。

3. 数据挖掘的任务

通常，数据挖掘任务分为下面两大类。

预测任务。这些任务的目标是根据其他属性的值，预测特定属性的值。被预测的属性一般称目标变量（target variable）或因变量（dependent variable），而用来做预测的属性称说明变量（explanatory variable）或自变量（independent variable）。

描述任务。这里，目标是导出概括数据中潜在联系的模式（相关、趋势、聚类、轨迹和异常）。本质上，描述性数据挖掘任务通常是探查性的，并且常常需要后处理技术验证和解释结果。

数据挖掘的主要任务如图 5-2 所示。

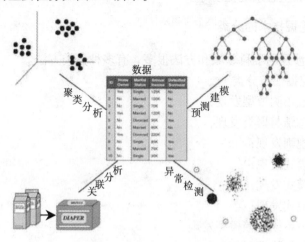

图 5-2   4 种主要数据挖掘任务

1）预测建模（predictive modeling）

预测建模是以说明变量函数的方式为目标变量建立模型的。有两类预测建模任务：分类（classification），用于预测离散的目标变量；回归（regression），用于预测连续的目标变量。例如，预测一个 Web 用户是否会在网上书店买书是分类任务，因为该目标变量是二值的；预测某地区的未来天气预报是回归任务，因为天气预报具有连续值属性。两项任务目标都是训练一个模型，使目标变量预测值与实际值之间的误差达到最小。预测建模可以用来确定顾客对产品促销活动的反应，预测地球生态系统的扰动，或根据检查结果判断病人是否患有某种特定的疾病。

2）关联分析（association analysis）

用来发现描述数据中强关联特征的模式。所发现的模式通常用蕴涵规则或特征子集的形式表示。由于搜索空间是指数规模的，关联分析的目标是以有效的方式提取最有趣的模式。关联分析的应用包括找出具有相关功能的基因组、识别一起访问的 Web 页面、理解地球气候系统不同元素之间的联系等。

3）聚类分析（cluster analysis）

旨在发现紧密相关的观测值组群，使得与属于不同簇的观测值相比，属于同一簇的观测值相互之间尽可能类似。聚类可用来对相关的顾客分组、找出显著影响地球气候的海洋区域及压缩数据等。

4）异常检测（anomaly detection）

异常检测的任务是识别其特征显著不同于其他数据的观测值。这样的观测值称为异常点（anomaly）或离群点（outlier）。异常检测算法的目标是发现真正的异常点，而避免错误地将正常的对象标注为异常点。换言之，一个好的异常检测器必须具有高检测率和低误报率。异常检测的应用包括检测欺诈、网络攻击、疾病的不寻常模式和生态系统扰动等。

4. 数据挖掘技术的分类

数据挖掘涉及的学科领域和方法很多，有多种分类方法。

1）根据挖掘任务分类
- 分类或预测模型发现；
- 数据总结与聚类发现；
- 关联规则发现；
- 序列模式发现；
- 相似模式发现；
- 混沌模式发现；
- 依赖关系或依赖模型发现；
- 异常和趋势发现等。

2）根据挖掘任务对象分类
- 关系型数据库挖掘；
- 面向对象数据挖掘；
- 空间数据库挖掘；
- 时态数据库挖掘；
- 文本数据源挖掘；
- 多媒体数据库挖掘；
- 异质数据库挖掘；
- 遗产数据库挖掘；
- Web 数据挖掘等。

3）根据挖掘方法分类
- 机器学习方法；
- 统计方法；
- 聚类分析方法；
- 神经网络（NeuralNetwork）方法；
- 遗传算法（GeneticAlgorithm）方法；
- 数据库方法；
- 近似推理和不确定性推理方法；
- 基于证据理论和元模式的方法；
- 现代数学分析方法；
- 粗糙集（RoughSet）或模糊集方法。

4）根据数据挖掘所能发现的知识分类

- 挖掘广义型知识；
- 挖掘差异型知识；
- 挖掘关联型知识；
- 挖掘预测型知识；
- 挖掘偏离型（异常）知识；
- 挖掘不确定性知识等。

5.1.2 数据挖掘的方法和工具

 学习目标

➤ 了解常用的数据挖掘的方法
➤ 了解常用的数据挖掘工具

 相关知识

1. 数据挖掘的方法

作为一门处理数据的新兴技术，数据挖掘有许多的新特征。首先，数据挖掘面对的是海量的数据，这也是数据挖掘产生的原因。其次，数据可能是不完全的、有噪声的、随机的，有复杂的数据结构，维数大。最后，数据挖掘是许多学科的交叉，运用了统计学，计算机，数学等学科的技术。以下是常见和应用最广泛的算法和模型。

（1）传统统计方法。

① 抽样技术：当面对的是大量的数据时，对所有的数据进行分析是不可能的也是没有必要的，就要在理论的指导下进行合理的抽样。

② 多元统计分析：因子分析，聚类分析等。

③ 统计预测方法，如回归分析，时间序列分析等。

（2）可视化技术：用图表等方式把数据特征直观地表述出来，如直方图等，其中运用了许多描述统计的方法。可视化技术面对的一个难题是高维数据的可视化。

（3）决策树：利用一系列规则划分，建立树状图，可用于分类和预测。常用的算法有 CART、CHAID、ID3、C4.5、C5.0 等。

（4）神经网络：模拟人的神经元功能，经过输入层，隐藏层，输出层等，对数据进行调整，计算，最后得到结果，用于分类和回归。

（5）遗传算法：基于自然进化理论，模拟基因联合、突变、选择等过程的一种优化技术。

（6）关联规则挖掘算法：关联规则是描述数据之间存在关系的规则，形式为

"A1∧A2∧…An→B1∧B2∧…Bn"。一般分为两个步骤。

① 求出大数据项集。

② 用大数据项集产生关联规则。

除了上述的常用方法外，还有粗集方法，模糊集合方法，Bayesian Belief Netords，最邻近算法（k-nearest neighbors method kNN）等。

2. 常用的数据挖掘工具

一般来讲，数据挖掘工具根据其适用的范围分为两类：专用数据挖掘工具和通用数据挖掘工具。专用数据挖掘工具是针对某个特定领域的问题提供解决方案，在涉及算法的时候充分考虑了数据、需求的特殊性，并作了优化；而通用数据挖掘工具不区分具体数据的含义，采用通用的挖掘算法，处理常见的数据类型。

比较著名的有 IBM Intelligent Miner、SAS Enterprise Miner、SPSS Clementine 等，它们都能够提供常规的挖掘过程和挖掘模式。

1）Intelligent Miner

由美国 IBM 公司开发的数据挖掘软件 Intelligent Miner 是一种分别面向数据库和文本信息进行数据挖掘的软件系列，它包括 Intelligent Miner for Data 和 Intelligent Miner for Text。Intelligent Miner for Data 可以挖掘包含在数据库、数据仓库和数据中心中的隐含信息，帮助用户利用传统数据库或普通文件中的结构化数据进行数据挖掘。它已经成功应用于市场分析、诈骗行为监测及客户联系管理等；Intelligent Miner for Text 允许企业从文本信息进行数据挖掘，文本数据源可以是文本文件、Web 页面、电子邮件和 Lotus Notes 数据库等。

2）Enterprise Miner

这是一种在我国的企业中得到采用的数据挖掘工具，比较典型的包括上海宝钢配矿系统应用和铁路部门在春运客运研究中的应用。SAS Enterprise Miner 是一种通用的数据挖掘工具，按照"抽样—探索—转换—建模—评估"的方法进行数据挖掘。可以与 SAS 数据仓库和 OLAP 集成，实现从提出数据、抓住数据到得到解答的"端到端"知识发现。

3）SPSS Clementine

SPSS Clementine 是一个开放式数据挖掘工具，曾两次获得英国政府 SMART 创新奖，它不但支持整个数据挖掘流程，从数据获取、转化、建模、评估到最终部署的全部过程，还支持数据挖掘的行业标准 —— CRISP-DM。Clementine 的可视化数据挖掘使得"思路"分析成为可能，即将精力集中在要解决的问题本身，而不是局限于完成一些技术性工作（如编写代码）。提供了多种图形化技术，有助理解数据间的关键性联系，指导用户以最便捷的途径找到问题的最终解决办法。

4）dbminer

dbminer 是加拿大 simonfraser 大学开发的一个多任务数据挖掘系统，它的前身是 dblearn。该系统设计的目的是把关系数据库和数据开采集成在一起，以面向属性的多级概念为基础发现各种知识。dbminer 系统具有如下特色。

- 能完成多种知识的发现：泛化规则、特性规则、关联规则、分类规则、演化知识、偏离知识等。
- 综合了多种数据开采技术：面向属性的归纳、统计分析、逐级深化发现多级规则、元规则引导发现等方法。
- 提出了一种交互式的类 sql 语言——数据开采查询语言 dmql。
- 能与关系数据库平滑集成。
- 实现了基于客户/服务器体系结构的 unix 和 pc（windows/nt）版本的系统。

其他常用的数据挖掘工具还有 LEVEL5 Quest、MineSet （SGI）、Partek 、SE-Learn、SPSS 的数据挖掘软件 Snob、Ashraf Azmy 的 SuperQuery 、WINROSA、XmdvTool 等。

5.2　视图

5.2.1　视图的概念与作用

学习目标

➢ 了解视图的概念与作用
➢ 掌握视图创建和使用的方法

相关知识

1. 视图的概念

视图是一个虚拟表，其内容由查询定义。视图是数据库中非常重要的一种对象，是同时查看多个表中数据的一种方式。从理论上讲，任何一条 SELECT 语句都可以构造一个视图。在视图中被检索的表称为基表，一个视图可以包含多个基表。视图就是建立在多个基表（或者视图）上的一个虚拟表，访问这个虚拟表就可以浏览一个或多个表中的部分或全部数据。在实际应用中，当为一条复杂的 SELECT 语句构造一个视图后，以后就可以从视图中非常方便地检索信息，而不需要再重复书写该语句了。

一旦创建了一个视图，就可以像表一样对视图进行操作了。与表不同的是，视图只存在结构，数据是在运行视图时从基表中提取的。所以如果修改了基表的数据，视图并不需要重新构造，当然也不会出现数据的不一致性问题。

2. 视图的作用

1）集中数据

可以有目的地对分散在多个表中的数据构造视图，以方便以后的数据检索。

2）限制访问

数据库所有者可以对列进行不同的组合构造多个视图，将不同的视图的访问权限授予不同用户，从而限制用户对数据库数据的访问。

3. 创建视图的原则

在创建视图前应注意如下原则。

（1）只能在当前数据库中创建视图。但是，如果使用分布式查询定义视图，则新视图所引用的表和视图可以存在于其他数据库中，甚至其他服务器上。

（2）视图名称必须遵循标识符的规则，且对每个用户必须为唯一。此外，该名称不得与该用户拥有的任何表的名称相同。

（3）可以在其他视图和引用视图的过程之上建立视图。SQL Server 2000 允许嵌套多达 32 级视图。

（4）不能将规则或 DEFAULT 定义与视图相关联。

（5）不能将 AFTER 触发器与视图相关联，只有 INSTEAD OF 触发器可以与之相关联。

（6）定义视图的查询不可以包含 ORDER BY、COMPUTE 或 COMPUTE BY 子句或 INTO 关键字。

（7）不能在视图上定义全文索引定义。

（8）不能创建临时视图，也不能在临时表上创建视图。

（9）在下列情况下必须在视图中指定每列的名称：视图中有任何从算术表达式、内置函数或常量派生出的列；视图中两列或多列具有相同名称（通常由于视图定义包含连接，而来自两个或多个不同表的列具有相同的名称）；希望使视图中的列名与它的源列名不同（也可以在视图中重命名列）。无论重命名与否，视图列都会继承其源列的数据类型。

5.2.2　视图的操作

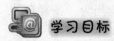

学习目标

➢　掌握视图创建、修改和删除的方法
➢　掌握视图使用的方法

 操作步骤

1.　创建视图

在 SQL Server 2000 中，可以使用 SQL 语句、SQL-EM 等方式创建视图。

1）使用 SQL 语句

创建视图语句的基本语法格式为：

```
CREATE VIEW <视图名>[<列名>[, …]]
AS <SELECT 语句>
```

【实例 5-1】　创建一个包含列 sno、sname、cno、cname、score 的视图。

在查询分析器中输入 SQL 语句并执行，如图 5-3 所示。

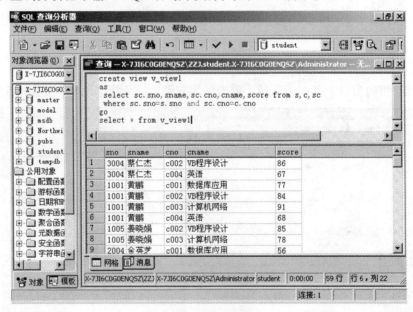

图 5-3　创建视图

2）使用 SQL-EM

下面通过实例说明使用 SQL-EM 创建视图的方法。

【实例 5-2】　创建一个包含列 sno、sname、cno、cname、score 的所有选修了"数据库应用"学生的视图。

（1）启动 SQL-EM，指向左侧窗口数据库 student 中的"视图"节点，单击鼠标右键，打开快捷菜单，选择"新建视图"命令，打开"新视图"窗口，如图 5-4 所示。

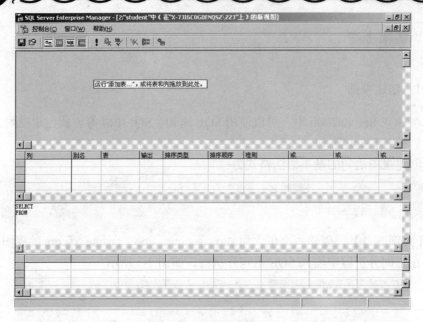

图 5-4 "新视图"窗口

（2）指向窗口上部图表区域，单击鼠标右键，打开快捷菜单，如图 5-5 所示。

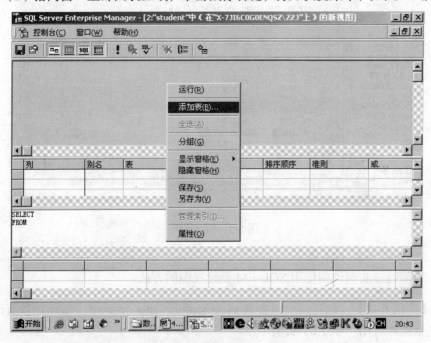

图 5-5 添加表

（3）选择"添加表"命令，打开"添加表"对话框，如图 5-6 所示。

图 5-6　"添加表"对话框

（4）分别选择创建视图的基表，单击"添加"按钮，将基表添加到图表区域中。此处添加表 s、c 和 sc，如图 5-7 所示。

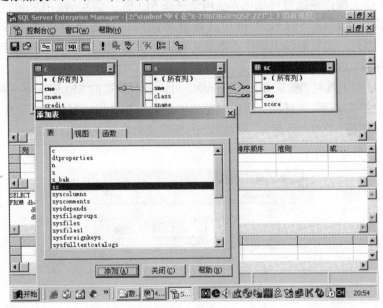

图 5-7　添加基表

（5）单击"关闭"按钮。单击选择基表列前的复选框，可以定义视图的输出列。在图表区域下部的字段网格中，可以在字段的"准则"框中输入检索条件。此处依次单击选中表 s 列 sno、sname，表 c 列 cno、cname，表 sc 列 score，并在列 cname 的准则框中输入"='数据库应用'"，如图 5-8 所示。

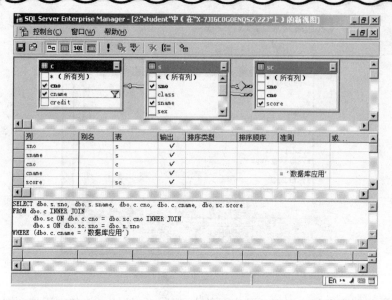

图 5-8　创建视图

（6）以上操作是通过可视化方法构造一条 SELECT 语句的，在实际操作的每一步，窗口下部的 SELECT 语句区域都将同步给出通过可视化方法构造的 SELECT 语句。如果对以上操作不熟练，可以直接在 SELECT 语句区域中输入视图对应的 SELECT 语句。

（7）单击工具栏"验证 SQL"图标，可以检测构造的 SELECT 语句的语法。单击工具栏"运行"图标，可以预览视图结果。当结果满足要求后，单击工具栏"保存"图标，打开"另存为"对话框，为新建视图定义视图名。此处为 v_view2，如图 5-9 所示。

图 5-9　"另存为"对话框

2. 修改视图

在 SQL Server 2000 中，可以使用 SQL 语句、SQL-EM 等方式修改视图。

1）使用 SQL 语句

修改视图语句的基本语法格式为：

```
ALTER VIEW <视图名>[<列名>[,…]]
AS <SELECT 语句>
```

2）使用 SQL-EM

① 启动 SQL-EM，单击左侧窗口要修改的视图所在数据库中的"视图"节点，指向右侧窗口中要修改的视图，单击鼠标右键，打开快捷菜单，选择"设计视图"命令，打开"设计视图"窗口。该窗口与使用 SQL-EM 创建该视图时的窗口完全相同（见图 5-54）。

② 用创建视图同样的方法修改视图，单击"关闭"按钮完成视图修改。

3. 删除视图

在 SQL Server 2000 中，可以使用 SQL 语句、SQL-EM 等方式删除视图。

1）使用 SQL 语句

删除视图语句的基本语法格式为：

```
DROP VIEW <视图名>[,…]
```

【实例 5–3】 删除视图 v_view2。

在查询分析器中输入 SQL 语句并执行，如图 5-10 所示。

图 5-10 删除视图

2）使用 SQL-EM

① 启动 SQL-EM，单击左侧窗口要删除的视图所在数据库中的"视图"节点，指向右侧窗口中要删除的视图，单击鼠标右键，打开快捷菜单，选择"删除"命令，打开"除去对象"对话框，如图 5-11 所示。

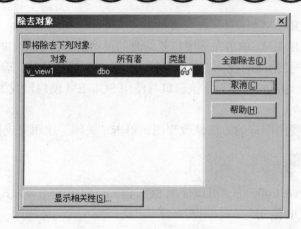

图 5-11　　"除去对象"对话框

② 单击"全部除去"按钮，指定视图将被删除。

4. 使用视图

1）使用视图检索数据

视图可以和表一样在 SELECT 语句中使用，实现使用视图检索数据。

【**实例 5–4**】　检索选修了"数据库应用课程"或"VB 程序设计课程"的学生的学号、姓名、课程名、成绩。

说明：由于实例 5-1 创建的视图 v_view1 包含了所有学生的学号、姓名、课程名、成绩数据，所以没有必要再像前面的例子那样检索数据了，可以直接检索视图 v_view1。

在查询分析器中输入 SQL 语句并执行，如图 5-12 所示。

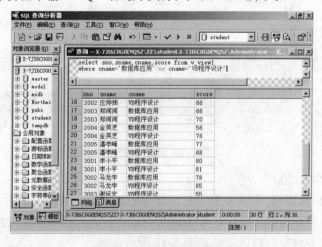

图 5-12　使用视图检索数据

读者可以通过与前面的例子做比较来理解视图的作用。

2）使用视图编辑数据

视图是虚拟表，尽管视图在许多方面同表的作用是相同的，但与表也有区别。主要表现在，由于视图只存在结构，数据是在运行视图时从基表中生成的，所以要编辑视图中的数据，实际就是要编辑基表中的数据，尽管 SQL Server 2000 允许这样做，但有许多限制。主要包括：

① 如果要编辑视图中两个及两个以上的基表的数据，必须按一次对一个基表分步执行。

② 不能插入或修改视图中通过计算得到的列值。

③ 当基表中包含有未被视图引用的非空完整性约束列时，不能利用视图向该基表插入数据。

本章习题

1．什么是数据挖掘？

2．简述数据挖掘的任务？

3．数据挖掘常见算法和模型有哪些？

4．什么是视图？视图有什么用途？

5．试比较视图和表的异同。

6．利用视图编辑表中的数据有什么限制？

7．使用 SQL-EM 在数据库 student 中创建视图，视图名要求为：v_<班级>_<学号>_1，包含列：sno、class、sname、sex、cno、cname、score。如何输入连续的数据？

第6章　数据备份与恢复

本章讲述了 SQL Server 2000 数据库数据的复制和恢复，主要包括：数据库的附加和分离、数据库的备份和还原。

分离数据库将从 SQL Server 删除数据库，但是在组成该数据库的数据和事务日志文件中的数据库要保持完好无损。

附加数据库可以将分离的数据库附加到任何 SQL Server 的实例上，包括从中分离该数据库的服务器。附加数据库主要用于在不同的数据库服务器之间转移数据库。

数据库备份将创建备份完成时数据库内存在的数据副本。

还原数据库备份将重新创建数据库和备份完成时数据库中存在的所有相关文件。

通过本章的学习，应该能够了解数据库数据复制和恢复的几种方法的区别，使用数据库数据复制和恢复的几种方法复制和恢复数据库数据，并合理地选择数据库数据复制和恢复的方法。

6.1　数据的存储与处置

 学习目标

> 了解数据存储的概念
> 了解数据存储的方式

 相关知识

1. 数据存储的概念

数据存储备份技术和存储管理源于 20 世纪 70 年代的终端/主机计算模式，当时由于数据集中在主机上，因此，易管理的磁带库是当时必备的设备。20 世纪 80 年代以后，由于 PC 的发展，尤其是 20 世纪 90 年代应用最广的客户机/服务器模式的普及，此时网络上文件服务器和数据库服务器往往是要害数据集中的地方，而客户机上也积累了一定量的数据，数据的分布造成数据存储管理的复杂化。

而 Internet 的发展和应用使存储技术发生着革命性的变化。首先是存储容量的急剧膨胀，其次是数据就绪时间的延展，最后是数据存储的结构也不同。

1）数据存储

数据储存就是将数据保存起来，以备将来使用。

2）数据存储的必要性

企业数据、信息面临着越来越大的危险，主要有以下几个方面：①自然灾害，如水灾、火灾、雷击、地震等造成计算机系统的破坏，导致存储数据被破坏或完全丢失；②系统管理员及维护人员的误操作；③计算机设备故障，其中包括存储介质的老化、失效；④病毒感染造成的数据破坏；⑤Internet 上"黑客"的侵入和来自内部网的蓄意破坏。

目前，国外发达国家都非常重视数据存储备份技术，而且将其充分利用。而在国内，只有少数的服务器连有备份设备，这就意味着大部分服务器中的数据面临着随时有可能遭到全部破坏的危险。因此，要充分认识数据存储备份的重要性，把数据存储备份视为头等重要的大事。

网络设计方案中如果没有相应的数据存储备份解决方案，就不算是完整的网络系统方案。双机热备份、磁盘阵列、磁盘镜像、数据库软件的自动复制等功能均不能称为完整的数据存储备份系统，它们解决的只是系统可用性的问题，而计算机网络系统的可靠性问题需要完整的数据存储管理系统来解决。因此，对原网络增加数据存储备份管理系统和在新建网络方案中列入数据存储备份管理系统就显得相当重要了。

2. 数据存储的方法

1）数据存储的设备

随着网络的发展，利用存储设备对重要数据信息进行有效备份越来越重要了，高容量的存储设备成为计算机必不可少的组成部分之一。

目前，存储设备主要有磁盘阵列、磁带库、光盘库等。

（1）磁盘阵列。磁盘阵列又叫 RAID（Redundant Array of Inexpensive Disks——廉价磁盘冗余阵列），是指将多个类型、容量、接口，甚至品牌一致的专用硬磁盘或普通硬磁盘连成一个阵列，使其能以某种快速、准确和安全的方式来读/写磁盘数据，从而达到提高数据读取速度和安全性的一种手段。

（2）磁带库。广义的磁带库产品包括自动加载磁带机和磁带库。自动加载磁带机和磁带库实际上是将磁带和磁带机有机结合组成的。自动加载磁带机是一个位于单机中的磁带驱动器和自动磁带更换装置，它可以从装有多盘磁带的磁带匣中拾取磁带并放入驱动器中，或执行相反的过程。

（3）光盘库、光盘塔和光盘网络镜像服务器。①光盘库实际上是一种可存放几十张或几百张光盘并带有机械臂和一个光盘驱动器的光盘柜。光盘库也叫自动换盘机，它利用机械手从机柜中选出一张光盘送到驱动器进行读/写。它的库容量极大，机柜中可放几十片甚至上百片光盘片，这种有巨大联机容量的设备非常适用于图书馆一类的信息检索中心，尤其是交互式光盘系统、数字化图书馆系统、实时资料档案中心系统、卡拉 OK 自动点播系统等。②光盘塔由几台或十几台 CD-ROM 驱动器并联构成，可通过软件来控制某台光驱的读/写操作。光盘塔可以同时支持几十个到几百个用户访问信息。③光盘网络镜像服务器是继第一代的光盘库和第二代的光盘塔之后，最新开发出的一种可在网络上实现光盘信息共享的网络存储设备。光盘网络镜像服务器不仅具有大型光盘库的超大存储容量，而且还具有与硬盘相同的访问速度，其单位存储成本（分摊到每张光盘上的设备成本）大大低于光盘库和光盘塔，因此，光盘网络镜像服务器已经开始取代光盘库和光盘塔了，逐渐成为光盘网络共享设备中的主流产品。

在存储备份系统中，磁盘阵列、磁带库、光盘库等存储设备因其信息存储特点的不同，应用环境也有较大区别。磁盘阵列主要用于网络系统中的海量数据的即时存取；磁带库更多的是用于网络系统中的海量数据的定期备份；光盘库则主要用于网络系统中的海量数据的访问。

2）数据存储的 3 种方式

数据存储有 3 种方式，它们是在线、近线和离线存储。

（1）在线存储。在线存储又称工作级的存储，存储设备和所存储的数据时刻保持"在线"状态，是可随意读取的，可满足计算平台对数据访问的速度要求。如 PC 中常用的磁盘基本上都是采用这种存储形式的。一般在线存储设备为磁盘和磁盘阵列等磁盘设备，价格相对昂贵，但性能最好。

（2）近线存储。所谓近线存储，就是指将那些并不是经常用到，或者说数据的访问量并不大的数据存放在性能较低的存储设备上。对这些的设备的要求是寻址迅速、传输率高。因此，近线存储对性能要求相对来说并不高，但由于不常用的数据占总数据量的大多数，这也就意味着近线存储设备首先要保证的是容量。

（3）离线存储。离线存储主要是用于对在线存储的数据进行备份，以防范可能发生的数据灾难，因此又称备份级的存储。离线海量存储的典型产品就是磁带或磁带库，价格相对低廉。离线存储介质上的数据在读写时是按顺序进行的。当需要读取数据时，需要把带子卷到头，再进行定位。当需要对已写入的数据进行修改时，所有的数据都需要进行改写。因此，离线海量存储的访问是慢速度、低效率的。

以上 3 种方式的组合应用，将会给用户提供完善的数据存储和管理方案。

6.2　分离和附加数据库

6.2.1　分离和附加数据库的概念

 学习目标

➢　理解分离数据库的概念
➢　理解附加数据库的概念

 相关知识

1．分离数据库

SQL Server 2000 允许分离数据库的数据和事务日志文件。分离数据库将从 SQL Server 删除数据库，但是在组成该数据库的数据和事务日志文件中的数据库保持完好无损。分离的数据库文件与一般的磁盘文件一样可以进行复制。

2．附加数据库

可以将分离的数据库附加到任何 SQL Server 实例上，包括从中分离该数据库的服务器。这使数据库的使用状态与它分离时的状态完全相同。

附加数据库主要用于在不同的数据库服务器之间转移数据库。在 SQL Server 2000 中，与一个数据库相对应的数据文件和日志文件都是 Windows 系统中的一般磁盘文件，用标准的方法直接进行文件复制后，再"附加"到另一台 SQL Server 2000 服务器中，就能够达到复制和恢复数据库的目的。

利用附加数据库也可以实现数据库的备份和还原，但它们之间的概念是不同的。需要注意以下事项。

（1）文件复制。复制数据库相对应的数据文件和日志文件前，除了使用分离数据库的方法外，还可选择下列操作之一：

●　停止服务管理器，然后再复制。

●　使数据库脱机，然后再复制。

（2）附加数据库。附加数据库时，必须指定主数据文件的名称和物理位置，还必须指出其他任何已改变位置的文件，否则，不能成功附加数据库。

6.2.2　分离和附加数据库的方法

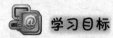学习目标

➢　掌握使用 SQL 语句分离和附加数据库的方法
➢　掌握使用 SQL-EM 分离和附加数据库的方法

操作步骤

1．分离数据库

在 SQL Server 2000 中，可以使用 SQL 语句、SQL-EM 等方式分离数据库。
1）使用 SQL 语句
分离数据库可以通过执行系统存储过程 sp_detach_db 实现。其基本语法格式为：

```
sp_detach_db '<数据库名>'
```

【实例 6-1】　对数据库 student 进行分离操作。
（1）启动"查询分析器"，输入 SQL 语句，如图 6-1 所示。

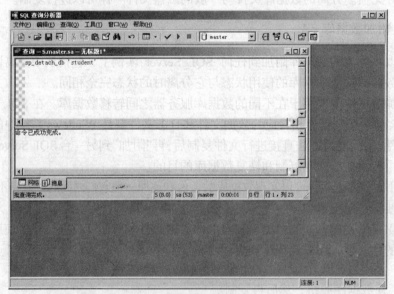

图 6-1　分离数据库 student

（2）单击"执行查询"按钮。

2）使用 SQL-EM

（1）启动 SQL-EM，指向左侧窗口"数据库"节点，选择 student 数据库，单击右键，打开快捷菜单，选择"所有任务"→"分离数据库"命令，打开"分离数据库-student"对话框，如图 6-2 所示。

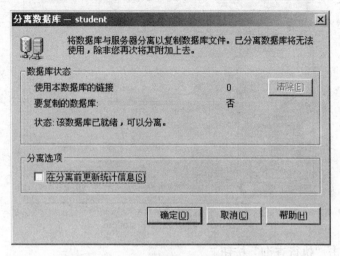

图 6-2 "分离数据库-student"对话框

（2）在"分离数据库-student"对话框中，检查数据库的状态。要成功地分离数据库，状态应为：该数据库已就绪，可以分离，或者可以选择"在分离前更新统计信息"复选框。

（3）若要终止任何现有的数据库链接，请单击"清除"按钮。

（4）单击"确定"按钮，完成数据库分离。

2. 附加数据库

在 SQL Server 2000 中，可以使用 SQL 语句、SQL-EM 等方式附加数据库。

1）使用 SQL 语句

附加数据库可以通过执行系统存储过程 sp_attach_db 实现。其基本语法格式为：

```
sp_attach_db '<数据库名>', '<数据文件名>', '<事务日志文件名>'
```

【实例 6-2】 对数据库 student 进行附加操作。

（1）打开"我的电脑"，将 d:\example\student_data.mdf 和 d:\example\student_log.ldf 复制到的 d:\。

如果系统提示源文件正在使用无法复制，可以先在 SQL Server 服务管理器中停止 SQL Server 服务，等完成文件复制后重新启动该服务。也可以分离数据库，然后再复制。

（2）删除数据库 student。

（3）将 d:\下的 student_data.mdf 和 student_log.ldf 复制到 d:\example。

（4）启动"查询分析器"，输入 SQL 语句，如图 6-3 所示。

图 6-3　附加数据库 student

（5）单击"执行查询"按钮。

2）使用 SQL-EM

（1）启动 SQL-EM，指向左侧窗口"数据库"节点，单击鼠标右键，打开快捷菜单，选择"所有任务"→"附加数据库"命令，打开"附加数据库"对话框，如图 6-4 所示。

图 6-4　"附加数据库"对话框

（2）在"要附加数据库的 MDF 文件"框中指定要附加的主数据文件。如果不能确定文件位于何处，单击"浏览"按钮（"…"）搜索。

（3）若要确保指定的 MDF 文件正确，请单击"验证"按钮。"原文件名"列列出了数据库中的所有文件（数据文件和日志文件）。

（4）在"附加为"框中输入数据库的名称 student。

（5）单击"确定"按钮，完成数据库附加。

6.3　数据库备份与恢复

6.3.1　数据库备份与还原的概述

学习目标

- ➢　了解数据库备份
- ➢　了解数据库还原的概念

相关知识

为了保证数据的安全性，必须定期进行数据库的备份，当数据库损坏或系统崩溃时可以将过去制作的备份还原到数据库服务器中。

1．数据库备份的概述

1）备份的概念

数据库备份包括了数据库结构和数据的备份。同时，备份的对象不但包括用户数据库，而且还包括系统数据库。

2）备份设备

在进行备份前，首先必须创建备份设备。备份设备是用来存储备份内容的存储介质。在 SQL Server 2000 中，支持 3 种类型的备份介质："disk（硬盘文件）"、"tape（磁带）"和"pipe（命名管道）"。其中，硬盘文件是最常用的备份介质。备份设备在硬盘中是以文件形式存在的。

3）备份类型

在 SQL Server 2000 中，备份类型主要包括以下几种。

- 完全备份：对数据库整体的备份。
- 差异备份：对数据库自前一个完全备份后改动的部分的备份。
- 事务日志备份：对数据库事务日志的备份。利用事务日志备份，可以将数据库还原到任意时刻。
- 文件或文件组备份：对组成数据库的数据文件的备份。

2．数据库还原的概述

1）还原的概念

数据库的还原是指将数据库的备份加载到系统中。还原是与备份相对应的操作。备份是还原的基础，没有备份就无法还原。一般来说，因为备份是在系统正

常的情况下执行的操作，而还原是在系统非正常情况下执行的操作，所以还原相
对要比备份复杂。

2）还原模型

在 SQL Server 2000 中，有 3 种数据库还原模型：简单还原（Simple Recovery）、
完全还原（Full Recovery）和大容量日志记录还原（Bulk-logged Recovery）。

（1）简单还原。所谓简单还原是指在进行数据库还原时仅使用数据库备份或
差异备份，而不涉及事务日志备份。简单还原模型可使数据库还原到上一次备份
的状态，但由于不使用事务日志备份来进行还原，所以无法将数据库还原到失败
点状态。选择简单还原模型通常使用的备份策略是首先进行数据库备份，然后进
行差异备份。

（2）完全还原。所谓完全还原是指通过使用数据库备份和事务日志备份将数
据库还原到发生失败的时刻，几乎不造成任何数据丢失，是还原数据库的最佳方
法。为了保证数据库的这种还原能力，所有对数据的操作都被写入事务日志文件。

（3）大容量日志记录还原。所谓大容量日志记录还原在性能上要优于简单还
原和完全还原，能尽量减少批操作所需要的存储空间。这些批操作主要是查询语
句 SELECT INTO、批装载操作、创建索引和针对大文本或图像的操作。选择大容
量日志记录还原模型所采用的还原策略与完全还原所采用的还原策略基本相同。

在 SQL-EM 中，指向指定数据库节点，单击鼠标右键，选择"属性"命令，
打开"student 属性"对话框，选择"选项"选项卡，可以查看和修改数据库还原
模型，如图 6-5 所示。

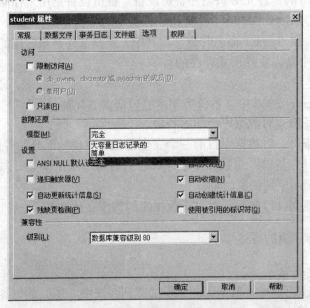

图 6-5   "student 属性"对话框的"选项"选项卡

6.3.2　数据库备份方法

 学习目标

➢　掌握数据库完全备份的方法
➢　掌握数据库差异备份的方法

 相关知识

1.　数据库完全备份

1）使用 SQL 语句

（1）创建备份设备。创建备份设备可以通过执行系统存储过程 sp_addumpdevice
实现。其基本语法格式为：

```
sp_addumpdevice '<设备介质>', '<备份设备名>', '<物理文件>'
```

执行系统存储过程 sp_dropdevice 可以删除创建的备份设备。其基本语法格
式为：

```
sp_dropdevice '<备份设备名>', '<物理文件>'
```

（2）数据库完全备份。数据库完全备份语句的基本语法格式为：

```
BACKUP DATABASE <数据库名> TO <备份设备名>
```

2）使用 SQL-EM

（1）创建备份设备。创建逻辑磁盘备份设备，其操作步骤如下。

①　展开服务器组，然后展开服务器。

②　展开"管理"文件夹，右击"备份"，然后选择"新建备份设备"命令。

③　在"名称"框中输入该命名备份设备的名称。

④　单击"确定"按钮。

（2）数据库完全备份的操作步骤如下。

①　展开服务器组，然后展开服务器。

②　展开"数据库"文件夹，右击"数据库"，指向"所有任务"子菜单选择
"备份数据库"命令。

③　在"名称"框内，输入备份集名称。在"描述"框中输入对备份集的描述
（可选）。

④　在"备份"选项下选择"数据库-完全"单选钮。

⑤　在"目的"选项下，选择"磁带"或"磁盘"单选钮，然后指定备份目的地。

⑥　如果没有出现备份目的地，则单击"添加"按钮以添加现有的目的地或创

建新目的地。

⑦ 单击"确定"按钮。

2. 数据库差异备份

要创建数据库差异备份，首先要创建备份数据库，然后才能创建数据库差异备份。

1）使用 SQL 语句

（1）创建数据库备份。

（2）创建数据库差异备份。数据库差异备份语句的基本语法格式为：

```
BACKUP DATABASE <数据库名> TO <备份设备名> WITH DIFFERENTIAL
```

2）使用 SQL-EM

（1）创建数据库备份。

（2）创建数据库差异备份的操作步骤如下。

① 展开服务器组，然后展开服务器。

② 展开"数据库"文件夹，右击"数据库"，指向"所有任务"子菜单，选择"备份数据库"命令。

③ 在"名称"框内，输入备份集名称。在"描述"框中输入对备份集的描述（可选）。

④ 在"备份"选项下选择"数据库–差异"单选钮。

⑤ 在"目的"选项下，选择"磁带"或"磁盘"单选钮，然后指定备份目的地。

⑥ 如果没有出现备份目的地，则单击"添加"以添加现有的目的地或创建新目的地。

⑦ 单击"确定"按钮。

 操作步骤

1. 数据库完全备份

1）使用 SQL 语句

【实例 6–3】 制作数据库 student 的完全备份。

方法一：先创建设备，然后备份。在查询分析器中输入 SQL 语句并执行，如图 6-6 所示。

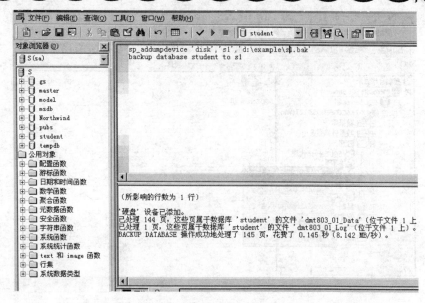

图 6-6   备份数据库 student（一）

方法二：直接备份。在查询分析器中输入 SQL 语句并执行，如图 6-7 所示。

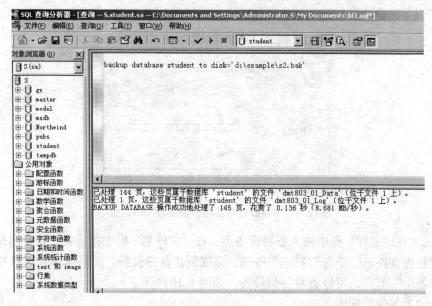

图 6-7   备份数据库 student（二）

2）使用 SQL-EM

（1）创建备份设备。

① 启动 SQL-EM，展开左侧窗口指定数据库服务器"管理"文件夹，右击"备份"节点，如图 6-8 所示。

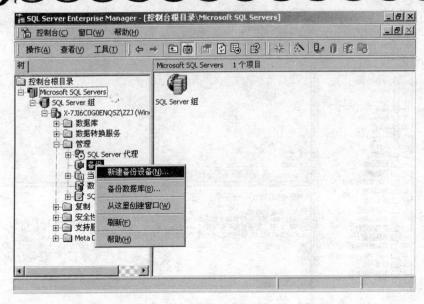

图 6-8　选择"新建备份设备"命令

②指向左侧窗口"备份"节点，单击鼠标右键，打开快捷菜单，选择"新建备份设备"命令，打开"备份设备属性—新设备"对话框，如图 6-9 所示。

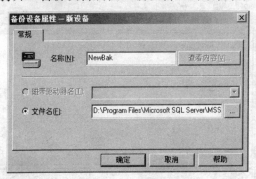

图 6-9　"备份设备属性—新设备"对话框

③在"名称"框中输入备份设备名，在"文件名"框中指定备份设备名所对应的物理文件名。单击"确定"按钮，完成创建备份设备。如果在 SQL-EM 中单击"备份"节点，可以查看备份设备，如图 6-10 所示。

（2）备份数据库。

①启动 SQL-EM，指向左侧窗口要备份的数据库节点，单击鼠标右键，打开快捷菜单，选择"所有任务"→"备份数据库"命令，打开"SQL Server 备份-student"对话框，如图 6-11 所示。

②设置备份类型为"完全"。单击"添加"按钮，打开"选择备份目的"对话框，如图 6-12 所示。

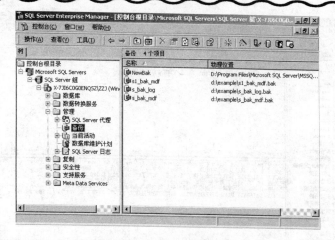

图 6-10 "查看备份设备"窗口

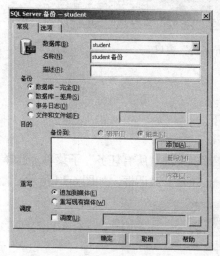

图 6-11 "SQL Server 备份-student"对话框

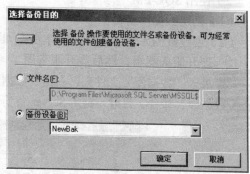

图 6-12 "选择备份目的"对话框

③ 可以在"文件名"框中指定备份的物理文件名，也可以在"备份设备"框中指定备份的备份设备名。单击"确定"按钮，返回"SQL Server 备份-student"对话框。

④ 设置备份的各项参数，单击"确定"按钮，完成备份。

2. 数据库差异备份

1）使用 SQL 语句

【实例 6-4】 制作数据库 student 的差异备份。

（1）创建数据库备份。

（2）创建数据库差异备份。在查询分析器中输入 SQL 语句并执行，如图 6-13 所示。

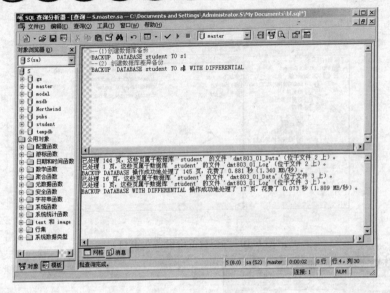

图 6-13　"数据库差异备份"窗口

2）使用 SQL-EM

（1）创建数据库备份。

（2）创建数据库差异备份的操作步骤如下。

① 展开服务器组，然后展开服务器。

② 展开"数据库"文件夹，右击"数据库"，指向"所有任务"子菜单，选择"备份数据库"命令，打开"SQL Server 备份-student"对话框，如图 6-14 所示。

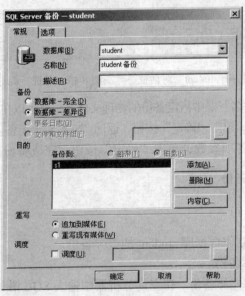

图 6-14　"SQL Server 备份-student"对话框

③ 在"名称"框内，输入备份集名称。在"描述"框中输入对备份集的描述（可选）。

④ 在"备份"选项下选择"数据库－差异"单选钮。

⑤ 在"目的"选项下，选择"磁盘"单选钮，然后指定备份目的地。

⑥ 如果没有出现备份目的地，则单击"添加"按钮以添加现有的目的地或创建新目的地。

⑦ 单击"确定"按钮。

⑧ 单击"内容"按钮，打开"查看备份媒体内容"对话框，如图 6-15 所示。

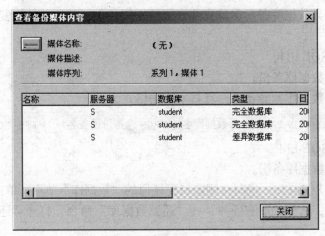

图 6-15 "查看备份媒体内容"窗口

6.3.3 数据库恢复方法

 学习目标

➢ 掌握数据库完全恢复的方法
➢ 掌握数据库差异恢复的方法

 相关知识

1. 数据库完全恢复

1）使用 SQL 语句
基本语法格式为：

```
RESTORE DATABASE <数据库名> FROM <备份设备名>
```

2）使用 SQL-EM

（1）启动 SQL-EM，指向左侧窗口要还原的"数据库"节点，单击鼠标右键，打开快捷菜单，选择"所有任务"→"还原数据库"命令，打开"还原数据库"对话框。

（2）选择"从设备"单选钮。

（3）选择或添加设备。

（4）选择"还原备份集"单选钮，选择"数据库－完全"单选钮。

（5）单击"确定"按钮，完成还原。

2. 数据库差异恢复

要恢复差异数据库备份，首先要恢复数据库备份，然后才能恢复差异数据库备份。

1）使用 SQL 语句

（1）恢复数据库备份。

（2）恢复数据库差异备份，其基本语法格式为：

```
RESTORE DATABASE <数据库名> FROM <备份设备名> [WITH NORECOVERY]
```

2）使用 SQL-EM

（1）恢复数据库备份。

（2）启动 SQL-EM，指向左侧窗口要还原的"数据库"节点，单击鼠标右键，打开快捷菜单，选择"所有任务"→"还原数据库"命令，打开"还原数据库"对话框。

（3）选择 "从设备"单选钮。

（4）选择或添加设备。

（5）选择"还原备份集"单选钮，选择"数据库－差异"单选钮。

（6）单击"确定"按钮，完成还原。

 操作步骤

1. 数据库完全恢复

1）使用 SQL 语句

【实例 6–5】 使用实例 6–3 制作的数据库 student 的完全备份还原数据库 student。

在查询分析器中输入 SQL 语句并执行，如图 6-16 所示。

2）使用 SQL-EM

（1）启动 SQL-EM，指向左侧窗口要备份的"数据库"节点，单击鼠标右键，打开快捷菜单，选择"所有任务"→"还原数据库"命令，打开"还原数据库"

对话框，如图 6-17 所示。

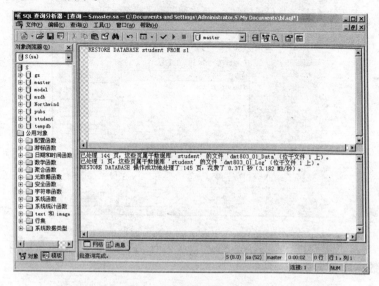

图 6-16　还原数据库 student

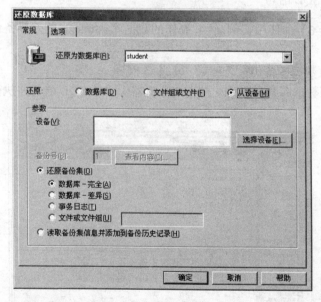

图 6-17　"还原数据库"对话框

（2）在"还原为数据库"框中输入 student。

（3）选择"从设备"单选钮。

（4）选择或添加设备，如图 6-18 所示。

（5）选择"还原备份集"单选钮，选择"数据库－完全"单选钮。

（6）单击"确定"按钮，完成还原。

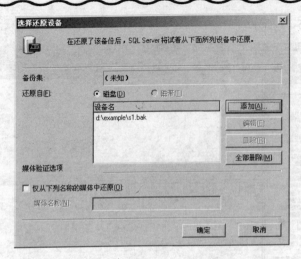

图 6-18　"选择还原设备"对话框

2. 数据库差异恢复

1）使用 SQL 语句

【实例 6-6】　使用实例 6-4 制作的数据库 student 的差异备份还原数据库 student。

（1）还原数据库备份。

（2）还原数据库差异备份。在查询分析器中输入 SQL 语句并执行，如图 6-19 所示。

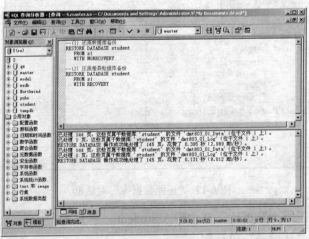

图 6-19　还原数据库 student

2）使用 SQL-EM

（1）启动 SQL-EM，指向左侧窗口要备份的"数据库"节点，单击鼠标右键，打开快捷菜单，选择"所有任务"→"还原数据库"命令，打开"还原数据库"
对话框，如图 6-20 所示。

图 6-20　还原数据库 student

（2）选择"从设备"单选钮，添加设备"s1"。

（3）单击"查看内容"按钮，选择备份号"2"。

（4）选择"还原备份集"单选钮，选择"数据库–完全"单选钮。

（5）选择"选项"选项卡，如图 6-21 所示。

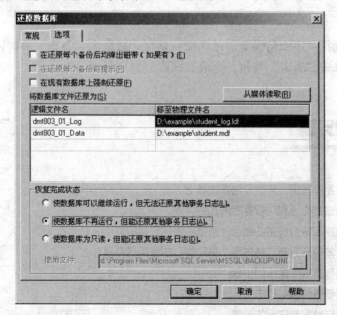

图 6-21　"还原数据库"对话框的"选项"选项卡

（6）在恢复完成状态设置区中，选择"使数据库不再运行，但能还原其他事务日志"单选钮。

（7）单击"确定"按钮，完成数据库还原。

（8）再次打开"还原数据库"对话框，添加设备"s1"。

（9）单击"查看内容"按钮，选择备份号"3"，如图 6-22 所示。

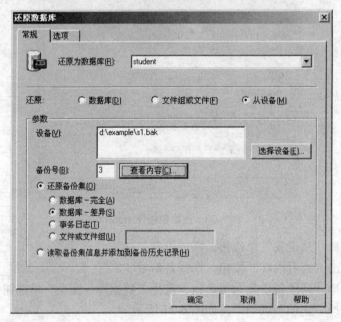

图 6-22　选择备份号"3"

（10）选择"还原备份集"单选钮，选择"数据库－差异"单选钮。

（11）单击"确定"按钮，完成数据库差异恢复。

本章习题

1. 简述数据库备份、还原及附加的概念。
2. 试比较数据库还原与数据库附加的异同。
3. 简述数据库备份设备的概念，数据库备份设备的扩展名是什么？
4. 数据库备份分为哪几种类型？各种类型的使用场合是什么？
5. 简述进行数据库备份的步骤。
6. 为什么要备份事务日志文件？
7. 简述进行数据库还原的步骤。

第 7 章　数据完整性和安全性

在本章中，主要讨论了完善数据库完整性和安全性的问题，数据库完整性是为了防止数据库中存在不符合语义的数据，防止错误信息的输入和输出。而数据库的安全性是为了防止对数据库的恶意破坏和非法存取。

为维护数据库的完整性，DBMS 必须提供一些机制来检查数据库中的数据是否满足完整性的要求，在 SQL Server 中，这些机制包括了 NOT NULL 约束、DEFAULT 约束、CHECK 约束、UNIQUE 约束、PRIMARY KEY 约束、FOREIGN KEY 约束、默认对象、规则对象、触发器等，在前面的章节中，讨论了使用 NOT NULL 约束、UNIQUE 约束、PRIMARY KEY 约束、FOREIGN KEY 约束保证数据完整性的方法，在本章中，进一步讨论使用 CHECK 约束、DEFAULT 约束、默认对象、规则对象、触发器来维护数据完整性的方法。

CHECK 约束、DEFAULT 约束、默认对象、规则对象用来保证域完整性，它们可以保证列取值的合理性。在 SQL Server 中，CHECK 约束、DEFAULT 约束是标准而通用的方法，默认对象、规则对象是 SQL Server 为了保证版本兼容而提供的功能。触发器主要用来维护用户自定义完整性，它为数据之间提供了一种联动机制，不过触发器的使用会降低 DBMS 的性能，特别是嵌套的触发器可能会引发一些无法事先预测的错误。

在 SQL Server 中，通过登录账号、数据库角色和用户、许可 3 个层次，提供了完善的数据安全保障体系。许可是最后的一层防线，它可以把权限精确到语句和对象的层次，使用它，数据库管理员可以对权限进行更为细化的管理。

7.1　数据完整性

7.1.1　CHECK 约束和规则对象

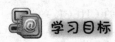 学习目标

➢　了解 SQL Server 2000 中保证数据完整性的机制

➤ 掌握 SQL Server 使用 CHECK 约束和管理规则对象的方法

 相关知识

1. CHECK 约束

所谓数据库完整性，是衡量数据库性能的一个重要指标，是确保数据库中数据的一致性、正确性及符合业务规则的一种手段。在 SQL Server 中，通过约束（constraint）、默认对象（default）、规则对象（rule）、触发器（trigger）等数据库对象来保证数据的完整性。SQL Server 2000 支持以下 6 类约束。

- NOT NULL 约束：用来指定列不接受空（NULL）值。
- DEFAULT 约束：用来指定列的默认值。
- CHECK 约束：使用条件，对列的取值范围进行限定。
- UNIQUE 约束：限定列数据的取值必须具有唯一性。
- PRIMARY KEY 约束：指定列或列集为关键字。
- FOREIGN KEY 约束：指定表之间的关系。

下面，我们讨论如何使用 CHECK 约束来保证数据完整性。CHECK 约束可以限定特定列中值的范围。这与 FOREIGN KEY 约束有相似的地方。区别在于它们判断值有效性的方法不同：FOREIGN KEY 约束使用另一个表的数量来判断数据的有效性，而 CHECK 约束从使用包含数据本身的逻辑表达式来判断数据的有效性。例如，通过使用 CHECK 约束，将 sex 列的取值范围限制为"男"或"女"，从而保证性别的值始终在一个合理的范围。

CHECK 约束是基于逻辑表达式的，而逻辑表达式的值为"TRUE"或"FALSE"，在上面的例子中，对应的逻辑表达式为：

```
sex="男"or sex="女"
```

对单独一列，可使用多个 CHECK 约束，按约束创建的顺序进行验证。也可以在表一级上创建 CHECK 约束，此时，该约束可以对不同列的数据进行验证。例如，可以创建一个表一级的约束，用来验证 s 表中 birthday 列的值在 1980 年之后且 email 列包含"@"字符，这样，就可以使用一个约束验证多个条件。

2. 创建和修改 CHECK 约束

CHECK 约束可以作为表定义的一部分，在创建表时创建，也可以在已经存在的表上创建 CHECK。当然，对已经创建的约束，可以修改或者删除。

提示：若使用 SQL 修改 CHECK 约束，必须首先删除已有的 CHECK 约束，
　　　然后再通过新定义重新创建。

在现有表中添加 CHECK 约束时，该约束可以仅作用于新数据，也可以同时

作用于已有的数据。默认情况下，CHECK 约束同时作用于已有数据和新数据。有时，业务规则要求 CHECK 约束仅作用于新数据，例如，原先的 CHECK 约束要求身份证号码为 15 位，而新的 CHECK 约束要求为 18 位。15 位的旧身份证号码依然有效并与 18 位的新身份证号码共存。因此，只需对新添加的数据按新的约束进行验证。

3. 禁用 CHECK 约束

在特定的情况下，可能需要禁用现有的约束，如以下两种情况。

（1）必须在列中插入不满足 CHECK 约束的数据时。例如，某人的身份证号码只知道前 6 位，为了减少以后的工作量，需要把它保存在数据库中，而 CHECK 又限定必须是 15 位或 18 位，此时，就应该禁用约束。

（2）在不同的服务器之间复制数据时。复制数据时，表的定义和表中的数据从源数据库复制到目标数据库，如果源数据库特有的 CHECK 约束在复制时未禁用，则可能妨碍向目标数据库输入新数据。

删除 CHECK 约束也可以取消 CHECK 约束在接受数据时对数据的限制。

4. 规则

在 SQL Server 中，可以使用规则来执行一些与 CHECK 约束相同的功能，CHECK 约束是用来限制列值的首选标准方法。但是，在有些时候，不同的表可以具有相同特征的列，这些列的取值范围是相同的，在这种情况下，使用规则来限制这些列值的取值范围就是一种更好的方法。例如，在学生表中有性别列，在教师表或其他的表中也有性别列。这时，使用规则来统一规定这些列的取值，就比在每个表的定义中使用 CHECK 约束要简单一些。

与 CHECK 约束不同的是，CHECK 约束是作为表的一部分存在的，而规则以单独对象的形式存在，然后绑定到列上。

 操作步骤

1. 使用 SQL 语句管理 CHECK 约束

在使用 CREATE TABLE 语句创建表时，可以通过关键字 CHECK 来创建 CHECK 约束。

【实例 7-1】 创建 s 表，限定列 sex 的值为"男"或"女"。在查询分析器中输入并执行以下语句。

```
CREATE TABLE s (
```

```
        sno char(4),
        class char(20),
        sname char(8) ,
        sex char(2),
        CONSTRAINT ck_s_sex CHECK (sex='男' or sex='女'),
        birthday datetime,
        address varchar(50),
        telephone char(20),
        email char(40)
    )
```

说明：

（1）关键字 CONSTRAINT 用来引出约束名，该约束的名称为 ck_s_sex。这一部分也可以省略，省略后，由系统自动对约束命名。

（2）CHECK 用来引出 CHECK 约束表达式。

使用 ALTER TABLE 语句，可以在现有的表上添加、删除 CHECK 约束，也可以启用或禁用 CHECK 约束。

【实例 7-2】 修改表 s 的定义，添加 CHECK 约束，验证 email 列中的数据必须包含 "@" 字符。在查询分析器中输入并执行以下语句。

```
    ALTER TABLE s WITH CHECK
    ADD CONSTRAINT ck_s_email CHECK (email like '_@_')
```

说明：

（1）关键字 WITH CHECK 表示在添加 CHECK 时，对现有数据进行验证，如果不对现有数据进行验证，使用关键字 WITH NOCHECK，WITH NOCHECK 为默认值。

（2）与创建表时定义约束相同，关键字 CONSTRAINT 部分也可以省略。

【实例 7-3】 修改表 s 定义，禁用实例 7-2 中定义的 ck_s_email 约束。在查询分析器中输入并执行以下语句。

```
    ALTER TABLE s NOCHECK CONSTRAINT ck_s_email
```

【实例 7-4】 修改表 s 定义，启用 ck_s_email 约束。在查询分析器中输入并执行以下语句。

```
    ALTER TABLE s CHECK CONSTRAINT ck_s_email
```

【实例 7-5】 修改表 s 定义，删除 ck_s_email 约束。在查询分析器中输入并执行以下语句。

```
    ALTER TABLE s DROP CONSTRAINT ck_s_email
```

提示：禁用约束和删除约束是不同的，禁用约束后，约束还存在，只是不再起作用，而删除约束后，约束就不存在了。当然，禁用约束后可以重新启用，而删除约束后，只能重建了。

2. 使用 SQL-EM 管理 CHECK 约束

使用 SQL-EM，也可以管理约束，操作步骤如下。

（1）在 SQL-EM 中，选择包含约束的表，单击鼠标右键，从快捷菜单中选择"设计表"命令，打开表设计器。

（2）在表设计器中单击鼠标右键，从快捷菜单中选择"属性"命令，打开"属性"对话框。

（3）在"属性"对话框中，选择"CHECK 约束"选项卡，如图 7-1 所示。

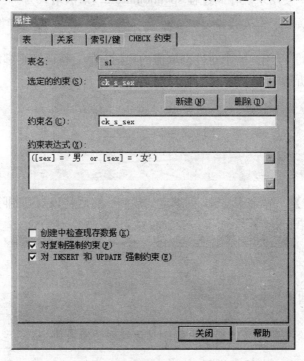

图 7-1　管理 CHECK 约束

在"CHECK 约束"选项卡中，可以添加、删除 CHECK 约束，设置 CHECK 约束的其他属性。

3. 使用 SQL 语句管理规则

建立规则，使用 CREATE RULE 语句，而删除规则，使用 DROP RULE 语句，语法格式分别为：

```
CREATE RULE 规则名 AS 逻辑表达式
DROP RULE 规则名
```

"逻辑表达式"是定义规则的条件。规则可以是 WHERE 子句中任何有效的表达式，并且可以包含诸如算术运算符、关系运算符和谓词（如 IN、LIKE、BETWEEN）之类的元素，也可以包含不引用数据库对象的内置函数。但规则不能引用列或其他数据库对象。"逻辑表达式"中包含一个变量，当规则被绑定到列时，变量就取对应列的值。

规则建立后，必须绑定到表的列上才能起作用。绑定规则，执行系统存储过程 sp_bindrule，其语法格式为：

```
EXEC sp_bindrule '规则名', '表名.列名'
```

解除绑定，使用系统存储过程 sp_unbindrule，语法格式为：

```
EXEC sp_unbindrule '表名.列名'
```

【实例 7-6】　创建一个对性别取值的规则，然后将该规则绑定到 s 表的 sex 列。在查询分析器中输入以下语句并执行。

```
CREATE RULE sex_rule AS @sex='男' or @sex='女'
GO
EXEC sp_bindrule 'sex_rule', 's.sex'
GO
```

【实例 7-7】　解除 s 表 sex 列绑定的规则，然后将该规则删除。在查询分析器中输入以下语句并执行。

```
EXEC sp_unbindrule 's.sex'
GO
DROP RULE sex_rule
GO
```

提示：删除规则时，必须首先解除对该规则的所有绑定。

4．使用 SQL-EM 管理规则

使用 SQL-EM 建立规则和绑定规则的步骤如下。

（1）在 SQL-EM 中，展开服务器名称和数据库名称，右键单击"规则"项，从快捷菜单中选择"新建规则"命令，显示"规则属性"对话框，如图 7-2 所示。然后输入规则的名称和文本，单击"确定"按钮新建规则。

（2）若要绑定规则或解除规则，在 SQL-EM 左窗格中选择"规则"，然后在右窗格中找到要绑定的规则，单击鼠标右键，在快捷菜单中选择"属性"命令，显示

"规则属性"对话框。单击其中的"绑定列"按钮，显示"将规则绑定到列"对话框，如图 7-3 所示。在该对话框中，可以把规则绑定到列，或者解除规则的绑定。

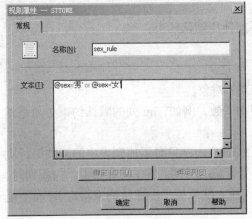

图 7-2　"规则属性-STTONE"对话框　　　图 7-3　"将规则绑定到列-sex_rule"对话框

（3）如果要删除规则，则首先解除对该规则的所有绑定，然后右击要删除的规则名称，在快捷菜单中选择"删除"命令即可。

7.1.2　默认约束和默认对象

 学习目标

➢　了解默认约束和默认对象的概念
➢　掌握 SQL Server 中使用默认约束和管理默认对象的方法

 相关知识

1. 默认约束

记录中的每一列必须有值，即使它是 NULL。可能会有这种情况，当向表中插入新记录时，可能不知道某一列的值，或该值尚不存在。这时，如果该列允许空值，就可以赋为空值。但是如果该列不允许空值，更好的解决办法可能是为该列定义默认约束。例如，在学生表 s 中，可以定义 address 列的值默认为空串。当然，我们知道，空串和空值是不一样的。这样，当我们向 s 表插入一条记录而不指定 address 列的值时，SQL Server 会将该列的默认值空串插入到该列中。

提示： 如果某列不允许空值且没有默认，则在插入时，就必须明确地给出该列的值，否则 SQL Server 会返回错误信息，指出该列不允许空值。

默认约束可以作为表定义的一部分在创建表时创建，也可以添加到现有表中，表的每一列都可包含一个默认约束。对现有默认约束可以修改或删除。需要注意的是，若要修改默认约束，必须首先删除已有的默认约束，然后通过新定义重新创建。

如果列具有如下类型或属性，则不能使用默认约束：

- timestamp 数据类型。
- IDENTITY 或 ROWGUIDCOL 属性。
- 已有 DEFAULT 定义或 DEFAULT 对象。

默认约束必须与对应列的数据类型相一致。例如，int 列的默认约束必须是整数，而不是字符串。

在对表中现有列添加默认约束时，SQL Server 只对添加到表中的新数据行应用默认约束；而表中以前已有的数据不受影响。不过，当在已有表中添加新列时，可指定 SQL Server 对表中已有行的新列插入默认值（由默认约束指定），而不是插入空值。

删除默认约束后，表中的已有数据保持不变，而插入的新行不再应用默认约束。

2. 默认对象

默认对象属于数据库对象，它的作用类似于默认约束，但默认约束是属于表的，而默认对象可为不同表的列所共享，共享的方法就是可以把默认对象绑定到不同表的列上。例如，如果数据库有学生表、教师表等，这些表中都有地址列，默认情况下，这些列的取值都为空串。此时，一种方法就是在每个表的定义中使用默认约束，还有一种更好的办法，就是在数据库中定义一个默认对象，该默认对象对应的值为空串，然后将这个默认对象绑定到每个表的地址列上。显然，第二种方法是一种比较好的方法，它可以保证不同表中地址列的一致性。默认对象使用 CREATE DEFAULT 语句创建，然后使用 sp_bindefault 系统存储过程将它绑定到列上。

 操作步骤

1. 在 CREATE TABLE 语句中建立默认约束

使用 CREATE TABLE 语句在列中创建默认约束是首选的、标准的方案。

【实例 7-8】　创建表 s1，规定 address 列的默认值为空串。在查询分析器中输入并执行以下语句。

```
CREATE TABLE s1 (
sno char(4),
```

```
class char(20),
sname char(8) ,
sex char(2),
birthday datetime,
address varchar(50) NOT NULL DEFAULT '',
telephone char(20),
email char(40)
)
```

说明："address varchar（50） NULL DEFAULT """ 中的 "NOT NULL" 表示该列不允许插入空值，"DEFAULT """ 表示该列的默认值为空串（"）。使用该语句创建表格后，在向表中插入数据时，如果不给出 address 列的值，则系统自动为该列插入空串。

2. 使用 ALTER TABLE 语句管理默认约束

使用 ALTER TABLE 语句，可以改变列的默认约束，或者向列添加默认约束。如果要修改某列的默认约束，首先必须根据名称删除原来的默认约束，然后再添加新的默认约束。查看原先的默认约束的名称，使用系统存储过程 sp_help。

【实例 7-9】 查看表 s 中已存在的默认约束的名称。在查询分析器中输入并执行以下语句，执行结果如图 7-4 所示。

```
sp_help s1
```

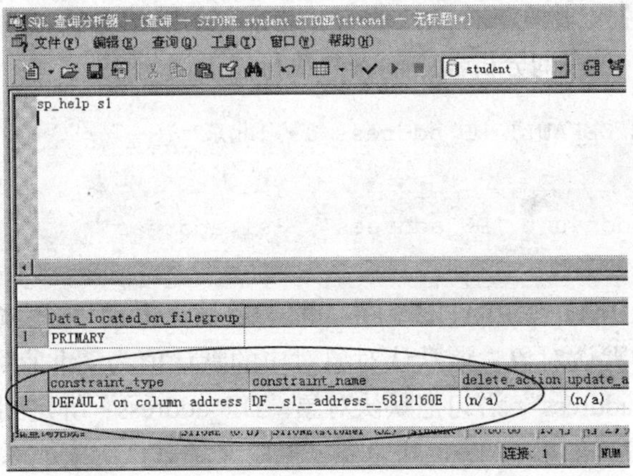

图 7-4 查询默认约束的名称

说明：系统存储过程 sp_help 报告有关数据库对象（sysobjects 表中列出的任何对象）、用户定义数据类型或 SQL Server 所提供的数据类型的信息。实例 7-9 中，表 s 的所有默认约束的名称都在 constraint_name 下列出。

【实例 7-10】　　将表 s1 中 address 列的默认值修改为北京。在查询分析器中输入并执行以下语句。

```
ALTER TABLE s1 DROP CONSTRAINT DF_s1_address_5812160E
GO
ALTER TABLE s1 ADD CONSTRAINT DF_s1_address
DEFAULT '北京' FOR address
GO
```

说明：实例 7-10，首先执行 "ALTER TABLE s1 DROP CONSTRAINT DF_s1_address_5812160E" 语句，将原先的默认约束删除，然后再执行 "ALTER TABLE s1 ADD CONSTRAINT DF_s1_address DEFAULT '北京' FOR address" 添加一个名为 "DF_s1_address" 的默认约束，对应的默认值为 "北京"。

3. CREATE DEFAULT 和 sp_bindefault

在 SQL Server 中，可以使用 CREATE DEFAULT 语句，创建默认对象，然后使用系统存储过程 sp_bindefault 把它绑定到某个列上，这种方法在需要把相同的默认值应用在不同的列上时非常有用。CREATE DEFAULT 语句的格式为：

```
CREATE DEFAULT 默认对象名 AS 常量表达式
```

系统存储过程 sp_bindefault 的调用格式为：

```
sp_bindefault '默认对象名', '表名.列名'
```

【实例 7-11】　　建立一个默认值为 "北京" 的默认对象，然后将它绑定到 s1 表的 address 列。在查询分析器中输入并执行以下语句。

```
CREATE DEFAULT DF_address as '北京'
GO
sp_bindefault 'DF_address', 's1.address'
GO
```

说明："CREATE DEFAULT DF_address as '北京'" 语句建立一个名为 "DF_address" 的默认对象，该默认对象对应的默认值为 "北京"。"sp_bindefault 'DF_address', 's1.address'" 语句把默认对象 "DF_address" 绑定到 s1 表的 address 列。需要注意的是，如果 address 列原先已经定义了默认约束或者已经绑定了默认对象，则需要先删除原先的默认约束，或者解除原先绑定的默认对象。

4. sp_unbindefault 和 DROP DEFAULT

系统存储过程 sp_unbindefault 的作用是用来默认对象对列的绑定的，它的调用格式为：

```
sp_unbindefault  '表名.列名'
```

而 DROP DEFAULT 的作用是用来删除默认对象的，当然，只有默认对象没有被绑定时，它才可以被删除。该语句的格式为：

```
DROP DEFAULT 默认对象名
```

【实例 7-12】 删除实例 7-11 中建立的默认对象 DF_address。在查询分析器中输入并执行以下语句。

```
sp_unbindefault  's1.address'
GO
DROP DEFAULT DF_address
GO
```

说明："sp_unbindefault 's1.address'"语句解除了 s1 表 address 列上绑定的默认对象，"DROP DEFAULT DF_address"语句删除了默认对象"DF_address"。

5. 使用 SQL-EM 管理默认约束

在 SQL-EM 的表设计器中，可以建立、修改和删除列的默认约束，如图 7-5 所示。

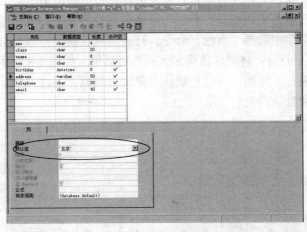

图 7-5　默认约束管理

单击默认值框右边向下指的箭头，可以列出数据库中已经存在的默认对象，选择其中的一个，可以将选定的默认对象绑定到当前列上。

6. 使用 SQL-EM 管理默认对象

在 SQL-EM 中，展开服务器和数据库，单击左边窗格中的"默认"项，进入默认对象管理界面，此时，右边的窗格中显示数据库中已经存在的默认对象，如图 7-6 所示。

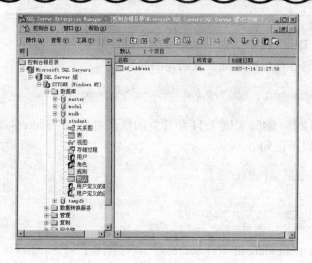

图 7-6　默认对象管理

新建默认对象，在左边的窗格中用右键单击"默认"项，或者在右边窗格的空白处单击鼠标右键，然后在快捷菜单中选择"新建默认"命令。打开"默认属性"对话框，如图 7-7 所示。在该对话框中输入默认对象的名称和对应的值，最后单击"确定"按钮。新建的默认对象会出现在右边的窗格中。

要将默认对象绑定到列，在右边的窗格中选择要绑定的默认对象，单击鼠标右键，在快捷菜单中选择"属性"命令，打开"默认属性"对话框，单击其中的"绑定列"按钮，打开"将默认值绑定到列"对话框，如图 7-8 所示。在这个对话框中，通过"添加"按钮，可以把默认对象绑定到列，通过"删除"按钮，可以解除列上绑定的默认对象。

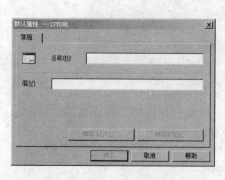

图 7-7　"默认属性"对话框

图 7-8　"将默认值绑定到列"对话框

如果要删除默认对象，在右边的窗格中单击鼠标右键，在快捷菜单中选择"删除"命令。

7.1.3　触发器

 学习目标

> 了解触发器的概念和执行原理
> 掌握管理触发器的方法

 相关知识

1．触发器的概念

触发器是建立在表上特殊的存储过程。所谓存储过程，是存储在服务器上的一组预先定义并编译好的用来实现某种特定功能的 SQL 语句。一般存储过程是通过 EXECUTE 语句执行的，而触发器是当对表进行某种操作时，由 SQL Server 2000 自动执行的。对表的操作通常包括插入、删除、修改，所以触发器也分为 INSERT、DELETE、UPDATE 3 种触发器。

由于触发器是依附于表的，所以只能在表上创建触发器。当对某个表进行插入或删除或修改操作时，如果该表上有 INSERT 或 DELETE 或 UPDATE 触发器，则 SQL Server 2000 将自动执行 INSERT 或 DELETE 或 UPDATE 触发器。

2．触发器的执行原理

（1）INSERT 触发器的执行原理。当对表插入记录时，INSERT 触发器将执行。首先将插入的记录放入表 inserted 中，该表是与原表结构相同的逻辑表，用于保存插入的记录，然后执行触发器指定的操作。

（2）DELETE 触发器的执行原理。当对表删除记录时，DELETE 触发器将执行。首先将删除的记录放入表 deleted 中，该表是与原表结构相同的逻辑表，用于保存删除的记录，然后执行触发器指定的操作。

（3）UPDATE 触发器的执行原理。由于对表修改记录的操作实际是先删除旧记录然后再插入新记录的，所以执行 UPDATE 触发器相当于先执行 DELETE 触发器，然后再执行 INSERT 触发器。

 操作步骤

1．创建触发器

在 SQL Server 2000 中，可以使用 SQL 语句、SQL-EM 等方式创建触发器。

使用 SQL 语句创建触发器语句的基本语法格式为：

```
CREATE TRIGGER <触发器名>
ON <表名>
FOR INSERT|UPDATE|DELETE
AS
<SQL 语句>
```

【实例 7–13】　在表 s 上创建一个 INSERT 触发器，实现当表 s 插入一个学生时，自动调整表 n 中相应班级的数据，即实现表 s 插入数据时与表 n 间数据的一致性。

分析：首先由于插入的学生记录被置入与表 s 结构相同的表 inserted 中，所以可以从表 inserted 中检索出插入的学生的班级、性别，然后判断如果该班级在表 n 中不存在则插入一条统计该班信息的记录，然后将与插入学生相同的班级及性别的人数分别加 1。

其中，函数 isnull（num，0）的功能为判断如果 num 为 null 则 num 取 0。

在查询分析器中输入 SQL 语句并执行，如图 7-9 所示。

图 7-9　建立 INSERT 触发器

【实例 7–14】　在表 s 上创建一个 DELETE 触发器，实现当表 s 删除一个学生时，自动调整表 n 中相应班级的数据，即实现表 s 删除数据时与表 n 间数据的一致性。

分析：首先，由于删除的学生记录被置入与表 s 结构相同的表 deleted 中，所以可以从表 deleted 中检索出删除的学生的班级、性别，然后将与删除学生相同的班级及性别的人数分别减 1。

在查询分析器中输入 SQL 语句并执行，如图 7-10 所示。

图 7-10　建立 DELETE 触发器

也可是使用 SQL-EM 来创建触发器，下面通过一个具体的例子来说明。

【实例 7-15】　在表 s 上创建一个 UPDATE 触发器，实现当表 s 修改一个学生信息时，自动调整表 n 中相应班级的数据，即实现表 s 修改数据时与表 n 间数据的一致性。

分析：首先由于修改的学生的原记录被置入与表 s 结构相同的表 deleted 中，所以可以从表 deleted 中检索出原学生的班级、性别，然后将与原学生相同的班级及性别的人数分别减 1。其次由于修改的学生的新记录被置入与表 s 结构相同的表 inserted 中，所以可以从表 inserted 中检索出新的学生的班级、性别，然后将与新学生相同的班级及性别的人数分别加 1。

（1）启动 SQL-EM，单击左侧窗口数据库 student 中的"表"节点，指向右侧窗口中的表"s"，单击右键，打开快捷菜单，选择"所有任务"→"管理触发器"命令，打开"触发器属性"对话框，如图 7-11 所示。

（2）输入触发器名，并选择触发器的类型。此处将触发器名"[TRIGGER

图 7-11　"触发器属性"对话框

NAME]"改为"s_update",并选择触发器的类型为"UPDATE",即删除"INSERT"以及"DELETE",输入实现功能的 SQL 语句,如图 7-12 所示。

(3)单击"确定"按钮,完成触发器创建。

提示:如果需要创建触发器,通常应同时创建 INSERT、DELETE 和 UPDATE
　　　3 种触发器才能保证数据的一致性。

2. 查看和修改触发器

下面通过实例说明使用 SQL-EM 查看和修改触发器的方法。

【实例 7-16】 查看表 s 的 UPDATE 触发器,并删除其中的注释语句以及 begin、end 语句。

(1)启动 SQL-EM,单击左侧窗口数据库 student 中的"表"节点,指向右侧窗口中的表"s",单击鼠标右键,打开快捷菜单,选择"所有任务",在级联菜单中选择"管理触发器"命令,打开"触发器属性"对话框。

(2)单击"名称"框下拉按钮,选择触发器"s_update",可以查看触发器,如图 7-13 所示。

图 7-12　编辑 SQL 语句

图 7-13　查看和修改触发器

(3)如果需要修改触发器,可以直接编辑。

(4)单击"确定"按钮,完成触发器修改。

3. 删除触发器

在 SQL Server 2000 中,可以使用 SQL 语句、SQL-EM 等方式删除触发器。

7.1.3 触发器

 学习目标

- ➤ 了解触发器的概念和执行原理
- ➤ 掌握管理触发器的方法

 相关知识

1. 触发器的概念

触发器是建立在表上特殊的存储过程。所谓存储过程，是存储在服务器上的一组预先定义并编译好的用来实现某种特定功能的 SQL 语句。一般存储过程是通过 EXECUTE 语句执行的，而触发器是当对表进行某种操作时，由 SQL Server 2000 自动执行的。对表的操作通常包括插入、删除、修改，所以触发器也分为 INSERT、DELETE、UPDATE 3 种触发器。

由于触发器是依附于表的，所以只能在表上创建触发器。当对某个表进行插入或删除或修改操作时，如果该表上有 INSERT 或 DELETE 或 UPDATE 触发器，则 SQL Server 2000 将自动执行 INSERT 或 DELETE 或 UPDATE 触发器。

2. 触发器的执行原理

（1）INSERT 触发器的执行原理。当对表插入记录时，INSERT 触发器将执行。首先将插入的记录放入表 inserted 中，该表是与原表结构相同的逻辑表，用于保存插入的记录，然后执行触发器指定的操作。

（2）DELETE 触发器的执行原理。当对表删除记录时，DELETE 触发器将执行。首先将删除的记录放入表 deleted 中，该表是与原表结构相同的逻辑表，用于保存删除的记录，然后执行触发器指定的操作。

（3）UPDATE 触发器的执行原理。由于对表修改记录的操作实际是先删除旧记录然后再插入新记录的，所以执行 UPDATE 触发器相当于先执行 DELETE 触发器，然后再执行 INSERT 触发器。

 操作步骤

1. 创建触发器

在 SQL Server 2000 中，可以使用 SQL 语句、SQL-EM 等方式创建触发器。

使用 SQL 语句创建触发器语句的基本语法格式为：

```
CREATE TRIGGER <触发器名>
ON <表名>
FOR INSERT|UPDATE|DELETE
AS
<SQL 语句>
```

【实例 7-13】　在表 s 上创建一个 INSERT 触发器，实现当表 s 插入一个学生时，自动调整表 n 中相应班级的数据，即实现表 s 插入数据时与表 n 间数据的一致性。

分析：首先由于插入的学生记录被置入与表 s 结构相同的表 inserted 中，所以可以从表 inserted 中检索出插入的学生的班级、性别，然后判断如果该班级在表 n 中不存在则插入一条统计该班信息的记录，然后将与插入学生相同的班级及性别的人数分别加 1。

其中，函数 isnull（num，0）的功能为判断如果 num 为 null 则 num 取 0。

在查询分析器中输入 SQL 语句并执行，如图 7-9 所示。

图 7-9　建立 INSERT 触发器

【实例 7-14】　在表 s 上创建一个 DELETE 触发器，实现当表 s 删除一个学生时，自动调整表 n 中相应班级的数据，即实现表 s 删除数据时与表 n 间数据的一致性。

分析：首先，由于删除的学生记录被置入与表 s 结构相同的表 deleted 中，所以可以从表 deleted 中检索出删除的学生的班级、性别，然后将与删除学生相同的班级及性别的人数分别减 1。

在查询分析器中输入 SQL 语句并执行，如图 7-10 所示。

图 7-10　建立 DELETE 触发器

也可是使用 SQL-EM 来创建触发器，下面通过一个具体的例子来说明。

【实例 7-15】　　在表 s 上创建一个 UPDATE 触发器，实现当表 s 修改一个学生信息时，自动调整表 n 中相应班级的数据，即实现表 s 修改数据时与表 n 间数据的一致性。

分析：首先由于修改的学生的原记录被置入与表 s 结构相同的表 deleted 中，所以可以从表 deleted 中检索出原学生的班级、性别，然后将与原学生相同的班级及性别的人数分别减 1。其次由于修改的学生的新记录被置入与表 s 结构相同的表 inserted 中，所以可以从表 inserted 中检索出新的学生的班级、性别，然后将与新学生相同的班级及性别的人数分别加 1。

（1）启动 SQL-EM，单击左侧窗口数据库 student 中的"表"节点，指向右侧窗口中的表"s"，单击右键，打开快捷菜单，选择"所有任务"→"管理触发器"命令，打开"触发器属性"对话框，如图 7-11 所示。

（2）输入触发器名，并选择触发器的类型。此处将触发器名"[TRIGGER

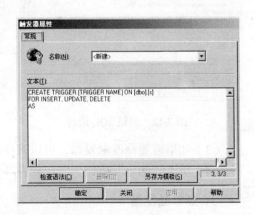

图 7-11　"触发器属性"对话框

NAME]"改为"s_update",并选择触发器的类型为"UPDATE",即删除"INSERT"以及"DELETE",输入实现功能的 SQL 语句,如图 7-12 所示。

(3)单击"确定"按钮,完成触发器创建。

　　提示:如果需要创建触发器,通常应同时创建 INSERT、DELETE 和 UPDATE
　　　　3 种触发器才能保证数据的一致性。

2. 查看和修改触发器

下面通过实例说明使用 SQL-EM 查看和修改触发器的方法。

【**实例 7-16**】　　查看表 s 的 UPDATE 触发器,并删除其中的注释语句以及 begin、end 语句。

(1)启动 SQL-EM,单击左侧窗口数据库 student 中的"表"节点,指向右侧窗口中的表"s",单击鼠标右键,打开快捷菜单,选择"所有任务",在级联菜单中选择"管理触发器"命令,打开"触发器属性"对话框。

(2)单击"名称"框下拉按钮,选择触发器"s_update",可以查看触发器,如图 7-13 所示。

图 7-12　编辑 SQL 语句

图 7-13　查看和修改触发器

(3)如果需要修改触发器,可以直接编辑。

(4)单击"确定"按钮,完成触发器修改。

3. 删除触发器

在 SQL Server 2000 中,可以使用 SQL 语句、SQL-EM 等方式删除触发器。

删除触发器语句的基本语法格式为：

```
DROP TRIGGER <触发器名>[,…]
```

【实例 7-17】　删除前面例子中创建的触发器。

在查询分析器中输入并执行以下语句。

```
DROP TRIGGER s_insert, s_update
```

在企业管理器中，删除触发器的步骤如下。

（1）启动 SQL-EM，单击左侧窗口触发器所在的数据库中的"表"节点，指向右侧窗口中触发器所依附的表，单击鼠标右键，打开快捷菜单，选择"所有任务"，在级联菜单中选择"管理触发器"命令，打开"触发器属性"对话框。

（2）单击"名称"框下拉按钮，选择需要删除的触发器。

（3）单击"删除"按钮，完成触发器删除。

提示：触发器是依附于表的，当删除一个表时，该表中的触发器自然也被删除。

7.2　数据安全性

7.2.1　使用 SQL-EM 管理许可

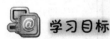
学习目标

➤　了解许可的概念和分类
➤　掌握使用 SQL-EM 管理许可的方法

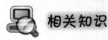
相关知识

许可是数据库用户访问数据、执行存储过程、创建数据库对象和执行管理任务的权限，用户可以用许多方式获得一个数据库的完整或有限的权限，许可分为语句许可和对象许可。

（1）语句许可。数据库拥有者可以授予执行某些 SQL 命令的许可。这种许可在 SQL Server 2000 中被称做语句许可。如拥有者可授予执行"CREATE TABLE"或"CREATE VIEWS"等语句的许可给其他用户，这些语句本来只有特定用户（如 dbo）可以使用。

（2）对象许可。拥有者可以将数据库对象的许可授予指定的数据库用户，这种许可被称做对象许可。如对表这种数据对象，拥有者可以把对该表执行 INSERT、DELETE、UPDATE、SELECT 和 REFERENCE 等的许可授予其他用户。

 操作步骤

1. 管理语句许可

（1）启动 SQL-EM，指向左侧窗口指定数据库节点，单击鼠标右键，打开快捷菜单，选择"属性"命令，打开数据库属性对话框，选择"权限"选项卡，如图 7-14 所示。

（2）单击用户对应的每个语句下面的复选框，设置该用户语句许可。"√"表示授予用户对该语句许可；"×"表示禁止该语句许可；空白表示未设置许可。

（3）单击"确定"按钮，完成语句许可设置。

图 7-14　数据库属性对话框的"权限"选项卡

2. 管理对象许可

（1）启动 SQL-EM，展开左侧窗口指定数据库，指向右侧窗口中指定表，单击鼠标右键，打开快捷菜单，选择"属性"命令，打开"表属性"对话框，如图 7-15 所示。

（2）单击"权限"按钮，打开"对象属性"对话框，如图 7-16 所示。

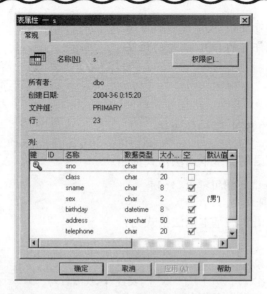

图 7-15　"表属性"对话框

图 7-16　"对象属性"对话框

（3）单击用户每个语句下面的复选框，设置该用户语句许可。"√"表示授予该用户对该表的该语句许可；"×"表示禁止许可；空白表示未设置许可。单击"确定"按钮，完成对象许可设置。

7.2.2　使用 SQL 语句管理许可

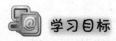 学习目标

➢ 掌握授予许可的 SQL 语句的语法

> 掌握撤销许可的 SQL 语句的语法
> 掌握禁止许可的 SQL 语句的语法

 **相关知识**

1. 授予许可的 SQL 语句的语法

授予语句许可语句的基本语法格式为：

```
GRANT {ALL|<语句>[,...n]}
TO <安全账户>[,...n]
```

授予对象许可语句的基本语法格式为：

```
GRANT
{ALL|<对象权限>[,...n]}
{[（<列名>[,...n]）] ON {<表名>|<视图名>}
 |ON {<表名>|<视图名>} [(<列名>[,...n])]
 |ON {<存储过程名>}
 |ON {<用户自定义函数名>}
}
TO <安全账户>[,...n]
[WITH GRANT OPTION] [AS{ group|role}]
```

其中，各参数含义如下。

（1）ALL。表示授予所有可用的权限。对于语句权限，只有 sysadmin 角色成员可以使用 ALL。对于对象权限，sysadmin 和 db_owner 角色成员和数据库对象所有者都可以使用 ALL。

（2）语句。是被授予权限的语句，包括 CREATE DATABASE、CREATE DEFAULT、CREATE FUNCTION、CREATE PROCEDURE、CREATE RULE、CREATE TABLE、CREATE VIEW、BACKUP DATABASE 和 BACKUP LOG 等。

（3）安全账户。可以是 SQL Server 2000 用户、SQL Server 2000 角色、Windows NT 用户以及 Windows NT 组等。

（4）对象权限。当在表或视图上授予对象权限时，权限列表可以包括这些权限中的一个或多个：SELECT、INSERT、DELETE、UPDATE 和 REFENENCES。"列名"列表可以与 SELECT 和 UPDATE 权限一起提供。如果"列名"列表未与 SELECT 和 UPDATE 权限一起提供，那么该权限应用于所有列。在存储过程上授予的对象权限只可以包括 EXECUTE；在函数上授予的对象权限可以包括 EXECUTE 和 REFERENCES。

为在 SELECT 语句中访问某个列，该列上需要有 SELECT 权限。为使用 UPDATE 语句更新某个列，该列上需要有 UPDATE 权限；为创建引用某个表的 FOREIGN KEY 约束，该表上需要有 REFERENCES 权限；为使用引用某个对象的 WITH SCHEMABINDING 子句创建 FUNCTION 或 VIEW，该对象上需要有 REFERENCES 权限。

（5）WITH GRANT OPTION，表示给予用户将指定的对象权限授予其他用户的能力，仅对对象权限有效。

2. 撤销许可的 SQL 语句的语法

撤销语句许可语句的基本语法格式为：

```
REVOKE {ALL|<语句>[,...n]}
FROM <安全账户>[,...n]
```

撤销对象许可语句的基本语法格式为：

```
REVOKE [GRANT OPTION FOR]
{ALL|<对象许可>[,...n]}
{[ (<列名>[,...n] ) ] ON {<表名>|<视图名>}
|ON {<表名>|<视图名>}[(<列名>[,...n])]
|ON {<存储过程名>}
|ON {<用户自定义函数名>}
}
{TO|FROM}
<安全账户>[,...n]
```

其中，"GRANT OPTION FOR"指定要删除的 WITH GRANT OPTION 权限。在 REVOKE 中使用 GRANT OPTION FOR 关键字可消除 GRANT 语句中指定的 WITH GRANT OPTION 设置的影响。用户仍然具有该权限，但是不能将该权限授予其他用户。

3. 禁止许可的 SQL 语句的语法

禁止语句许可语句的基本语法格式为：

```
DENY {ALL|<语句>[,...n]}
TO <安全账户>[,...n]
```

禁止对象许可语句的基本语法格式为：

```
DENY
{ALL|<对象许可>[,...n]}
{[ (<列名>[,...n] ) ] ON {<表名>|<视图名>}
|ON {<表名>|<视图名>}[(<列名>[,...n])]
|ON {<存储过程名>}
|ON {<用户自定义函数名>}
}
TO <安全账户>[,...n]
```

操作步骤

下面，通过一些具体的实例，说明使用 SQL 语句管理许可的方法。

1. 授予许可的实例

【实例 7-18】 把 student 数据库中的表 s 的 SELECT 操作的许可授予 public 角色，然后再把有关它的 insert、update、delete 操作的许可授予账户 user1。

在查询分析器中输入 SQL 语句并执行，如图 7-17 所示。

图 7-17 授予对象许可

【实例 7-19】 把在 student 数据库上创建表和视图的命令授予用户 user1。

在查询分析器中输入 SQL 语句并执行，如图 7-18 所示。

图 7-18 授予语句许可

2. 撤销许可的实例

【实例 7–20】　撤销前面授予 pulic 角色和 user1 账户的所有许可。
在查询分析器中输入 SQL 语句并执行，如图 7-19 所示。

图 7-19　撤销对象许可

【实例 7–21】　撤销前面授予账户 user1 创建表和视图的许可。
在查询分析器中输入 SQL 语句并执行，如图 7-20 所示。

图 7-20　撤销语句许可

3. 禁止许可的实例

【实例 7–22】　先把在表 s 上执行 select 命令的许可授予 public 角色，这样，所有数据库用户都拥有了该项许可。然后，拒绝 user1 用户的该项许可。

在查询分析器中输入 SQL 语句并执行，如图 7-21 所示。

图 7-21　禁止对象许可

【实例 7-23】　先将执行 create table 这个命令的许可授予 pulic 角色，这样，所有数据库用户都拥有了该项许可。然后，拒绝 user1 用户的该项许可。

在查询分析器中输入 SQL 语句并执行，如图 7-22 所示。

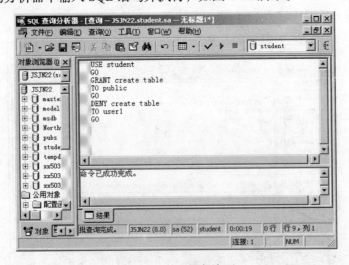

图 7-22　禁止语句许可

注意： 如果使用了禁止某用户获得某项许可，即使该用户后来又加入了具有这项许可的某用户组或角色，则该用户仍然无法获得该项许可。

撤销许可与禁止许可的区别是：在授予许可后如果撤销许可，则该安全账户还可能从用户组或角色中继承许可。禁止许可后该安全账户肯定不再拥有该许可，除非使用 GRANT 再授予该许可。

本章习题

1. 按照要求，写出相应的 SQL 语句

（1）创建表 table_a，有 column_a 和 column_b 两列，类型分别为 int 和 char（5），其中，column_a 列的值必须大于 10 小于 100，而 column_b 列中，字符串的长度不能小于 2；

（2）删除 column_a 和 column_b 列的 CHECK 约束；

（3）为 column_a 添加 CHECK 约束，条件为大于 10 小于 100；

（4）建立名为 CK_a 的规则对象，条件是字符串长度不小于 2，将该规则绑定在 table_a 的 column_b 列上；

（5）解除 column_b 列上绑定的规则对象，删除 CK_a 规则对象。

2. 使用 SQL-EM，完成第 1 题

3. 按照要求，写出相应的 SQL 语句

（1）创建表 table_a，有 column_a 和 column_b 两列，类型分别为 int 和 char（5），其中，column_a 列的默认值为 10，而 column_b 列的默认值为 "OK"；

（2）删除 column_a 和 column_b 列的默认约束；

（3）为 column_a 添加默认约束，值为 10；

（4）建立名为 DF_a 的默认对象，值为 "OK"，将该默认对象绑定在 table_a 的 column_b 列上；

（5）解除 column_b 列上绑定的默认对象，删除 DF_a 默认对象。

4. 使用 SQL-EM，完成第 3 题

5. 按照要求，写出相应的 SQL 语句

（1）创建员工表（姓名，性别）和统计表（性别，人数）两个表，表名和列名自定；

（2）为员工表定义触发器，保证统计表中统计值总是正确的；

（3）删除员工表的相关触发器。

6. 使用 SQL-EM，完成第 5 题

7. 在 SQL Server 中，完成以下实验：

（1）使用 SQL-EM，建立登录账号 loginX，并在 student 数据库建立相应的数据库用户 userX，

将它定义为"public"数据库角色；

（2）在查询分析器中，使用 loginX 登录数据库服务器，执行"select * from s"语句，结果是什么，为什么？怎样做，才可以使该语句正确执行？

（3）在查询分析器中，执行"create table t_a（c_a int)"语句，结果是什么，为什么？怎样做，才可以使该语句正确执行？

（4）删除数据库用户 userX 和登录账号 loginX。

第8章 数据库系统故障处理

在本章中，我们主要讨论了数据库系统的故障和排除的方法。先分析了 SQL Server 2000 数据库系统在安装过程中可能出现的故障，对于安装故障，首先应该检查计算机硬件系统和软件系统与 SQL Server 2000 数据库系统的兼容性。在排除兼容性错误的前提下，安装失败主要是由 SQL Server 2000 数据库系统在计算机系统中的一些注册信息引起的，根据故障的表现，通过修改相关的注册信息，一般都可以排除这些故障。

SQL Server 2000 数据库系统在安装成功后，如果不能正常启动数据库服务，往往是由于在数据库管理系统安装后，对操作系统的设置中做了修改，而又没有对数据库管理系统的设置做相应的修改引起的，所以在实际应用中，一定要注意操作系统和数据库管理系统在设置上，特别是有关用户的设置上保持一致。

数据库服务器的连接故障，分为硬故障和软故障。硬故障是有网络硬件故障引起的，而软故障是由于服务器端和客户端的配置不匹配引起的。发现此类故障，应该首先分清是硬故障还是软故障，然后再采取相应的排除措施。

在 SQL Server 2000 中，某个数据库如果出现异常，会被标记为"置疑"状态，这往往是由于数据库文件和日志文件不匹配造成的，一般可以通过重新生成日志文件的方法来排除。

在使用数据操作语句维护数据的过程中，可能会遇到语句执行失败的错误。这些错误一般是由数据库管理系统的为了保证数据的完整性机制而产生的，在 SQL Server 2000 中，通过@@ERROR 可以检测到这些错误以及产生这些错误的原因。

8.1 数据库系统故障

8.1.1 安装故障处理

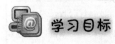 学习目标

➢ 了解 SQL Server 2000 的硬件和软件安装要求

➢ 了解安装故障的表现
➢ 掌握排除安装故障的方法

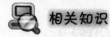相关知识

1. SQL Server 2000 的硬件和软件安装要求

1）硬件要求

表 8-1 说明安装 Microsoft SQL Server 2000 或 SQL Server 客户端管理工具的硬件要求。

表 8-1　硬件要求

硬　　件	最 低 要 求
计算机	Intel® 或兼容机 Pentium 166 MHz 或更高
内存 （RAM）	企业版：至少 64 MB，建议 128 MB 或更多
内存 （RAM）	标准版：至少 64 MB 个人版：Windows 2000 上至少 64 MB，其他所有操作系统上至少 32 MB 开发版：至少 64 MB Desktop Engine：Windows 2000 上至少 64 MB，其他所有操作系统上至少 32 MB
硬盘空间	SQL Server 数据库组件：95～270 MB，一般为 250 MB Analysis Services：至少 50 MB，一般为 130 MB English Query：80 MB 仅 Desktop Engine：44 MB
监视器	VGA 或更高分辨率 SQL Server 图形工具要求 800×600 或更高分辨率
定位设备	Microsoft 鼠标或兼容设备
CD-ROM 驱动器	需要

2）操作系统要求

表 8-2 说明为使用 SQL Server 2000 各种版本或组件而必须安装的操作系统。

表 8-2　操作系统要求

SQL Server 版本或组件	操作系统要求
企业版	Microsoft Windows NT Server 4.0、Microsoft Windows NT Server 4.0 企业版、Windows 2000 Server、Windows 2000 Advanced Server 和 Windows 2000

续表

SQL Server 版本或组件	操作系统要求
企业版	Data Center Server 注意，SQL Server 2000 的某些功能要求 Microsoft Windows 2000 Server（任何版本）
标准版	Microsoft Windows NT Server 4.0、Windows 2000 Server、Microsoft Windows NT Server 企业版、Windows 2000 Advanced Server 和 Windows 2000 Data Center Server
个人版	Microsoft Windows Me、Windows 98、Windows NT Workstation 4.0、Windows 2000 Professional、Microsoft Windows NT Server 4.0、Windows 2000 Server 和所有更高级的 Windows 操作系统
开发版	Microsoft Windows NT Workstation 4.0、Windows 2000 Professional 和所有其他 Windows NT 和 Windows 2000 操作系统
仅客户端工具	Microsoft Windows NT 4.0、Windows 2000（所有版本）、Windows Me 和 Windows 98
仅连接	Microsoft Windows NT 4.0、Windows 2000（所有版本）、Windows Me、Windows 98 和 Windows 95

2. 安装过程常见问题

在执行 SQL Server 2000 的安装程序的过程中，可能会出现异常中断的情况，此时，有时提示错误信息，有时不提示错误信息。一般情况下，主要有以下几种表现。

（1）安装程序在配置服务器时中断；

（2）安装程序在注册 ActiveX 时中断；

（3）安装进度显示到 100%时异常中断；

（4）显示错误信息 "command line option syntax error, type command /? for help"，如继续安装，在配置服务器的时候出现"无法找到动态链接 SQLUNIRL.DLL 于指定的路径……"的错误提示；

（5）显示错误信息"以前进行的程序创建了挂起的文件操作，运行安装程序前，必须重新启动"。

 操作步骤

安装失败时，首先对照 SQL Server 2000 的软、硬件要求进行检查。确定软、硬件平台能够满足 SQL Server 2000 的最低要求，然后针对不同的情况，采取不同的故障排除方法。

1. 前 3 类故障的排除

（1）备份注册表和数据库，如不能链接到 SQL Server 2000，可以备份 Program Files\Microsoft SQL Server\MSSQL\Data 文件夹中的文件；

（2）卸载 SQL Server，如卸载中出错，中断后继续下面的操作；

（3）删除 Microsoft SQL Server 文件夹；

（4）修改注册表，删除如下项：

HKEY_CURRENT_USER\Software\Microsoft\Microsoft SQL Server

HKEY_LOCAL_MACHINE\SOFTWARE\Microsoft\Microsoft SQL Server

HKEY_LOCAL_MACHINE\SOFTWARE\Microsoft\MSSQLServer

（5）重新启动系统，执行安装程序，重新安装。

2. 第 4 类故障的排除

引起这类故障的原因，是由于安装文件的路径中包含有中文字符，因此，可以通过改名的方法，去掉安装文件路径中的中文字符。

3. 第 5 类故障的排除

（1）重新启动系统，再进行安装程序，如果还提示该错误，执行下面的步骤；

（2）备份注册表；

（3）修改注册表，找到如下文件夹

HKEY_LOCAL_MACHINE\SYSTEM\CurrentControlSet\Control\Session Manager，删除其中的"PendingFileRenameOperations"键值，如图 8-1 所示；

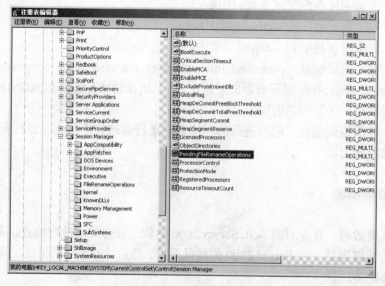

图 8-1　注册表编辑器

（4）重新启动系统，执行安装程序，重新安装。

注意：操作系统如果是 Winxp+sp2，需要安装 SQL Server SP3（服务包补丁3），该补丁可以在微软网站免费下载。

8.1.2 系统数据库故障处理

 学习目标

➢ 了解数据库服务启动故障的原因，掌握排除故障的方法
➢ 了解数据库链接故障的原因，掌握故障的排除方法
➢ 掌握"置疑"数据库的修复方法

 相关知识

1. 数据库服务启动故障的原因

SQL Server 安装成功后，会成为一项系统服务，用户可以设置该服务自动启动，也可以设置为自动启动。如果数据库服务不能正常启动，排除安装错误，主要由以下两个原因引起：

（1）用户修改了系统管理的登录密码；

（2）用户修改了计算机名。

以上两种情况，都会引起数据库服务在启动时，提示以下错误。

错误1069：同于登录失败而无法启动服务。

2. SQL Server 链接故障的原因

链接故障是在数据库服务启动的情况下，用户不能使用 SQL Server 自带的客户端工具，如企业管理器、查询分析器、事务探查器等链接到 SQL Server 数据库服务器。产生这种问题的原因，主要有以下几种：

（1）网络链接或网络配置引起的链接故障。在这种情况下，SQL Server 通常会弹出如图 8-2 所示的错误提示对话框。

图 8-2 网络链接或网络配置的错误提示

（2）登录账户引起的链接故障。在这种情况下，SQL Server 通常会弹出如图 8-3 所示的错误提示对话框。

图 8-3 登录失败的错误提示

（3）链接超时引起的链接故障。在这种情况下，SQL Serve 通常会弹出如图 8-4 所示的错误提示对话框。

图 8-4 链接超时的错误提示

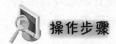 操作步骤

1. 数据库服务启动故障的排除

如果数据库服务不能启动的原因是由于修改了系统管理员（administrator）的密码引起的，可以采取以下方法排除。

（1）在"控制面板"窗口中，双击打开"管理工具"图标，打开"管理工具"窗口，再双击"服务"图标，打开"服务"窗口，如图 8-5 所示。

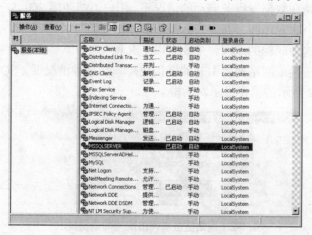

图 8-5 "服务"窗口

（2）在右边的窗格中找到"MSSQLSERVER"项，单击鼠标右键，在快捷菜单中选择"属性"项，打开"MSSQLSERVER 的属性（本地计算机）"对话框，选择"登录"选项卡，如图 8-6 所示。

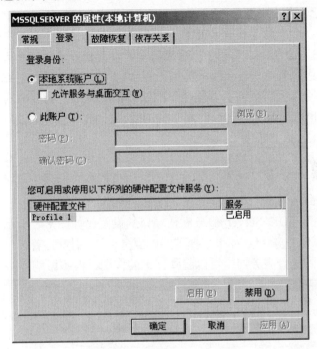

图 8-6　　"MSSQLSERVER 的属性（本地计算机）"对话框

（3）选择"登录身份"中的"本地系统账户"单选钮。

（4）或者选择"此账户"单选钮，选择系统管理员账户，输入其密码。

（5）设置完成后，重新启动 SQL Server 数据库服务。

提示：将"登录身份"设置为"本地系统账户"和"此账户"的区别是如果设置为"本地系统账户"，以后修改了系统管理员的密码，不用再调整设置，但要求登录操作系统时，使用系统管理员账户。如果设置为"此账户"，以后再修改系统管理员的密码，还要再重新做以上设置。

如果在安装 SQL Server 后，修改了作为数据库服务器的计算机的名称，导致数据库服务不能启动，此时，应该重新运行 SQL Server 安装程序进行修复。

2. SQL Server 数据库连接故障的排除

连接故障如果是由于网络链接或网络配置引起的，按照以下顺序进行检查，定位故障原因。

（1）检查网络链接。方法是首先关闭服务器和客户端的防火墙，这是为了排除防火墙软件可能会屏蔽对 ping、telnet 等的响应。然后 ping 服务器 IP 地址，如果 ping 服务器 IP 地址不成功，说明物理连接有问题，这时候要检查硬件设备，如网卡、HUB、路由器等。

（2）ping 服务器名称。如果失败则说明名字解析有问题，这时候要检查 Netbuis 协议是否安装，DNS 服务是否正常。

（3）使用 telnet 命令检查 SQL Server 服务器工作状态。在客户端执行"telnet 服务器名 1433"命令，如果命令执行成功，可以看到屏幕一闪之后光标在左上角不停闪动，这说明 SQL Server 服务器工作正常，并且正在监听 1433 端口的 TCP/IP 链接；如果命令返回"无法打开连接"的错误信息，则说明服务器没有启动 SQL Server 服务，也可能服务器端没启用 TCP/IP 协议，或者服务器没有在 SQL Server 默认的端口 1433 上监听。

（4）检查服务器端网络配置。方法是在服务器端，启动"服务器网络实用工具"，如图 8-7 所示。在"常规"选项卡中，可以看到服务器启用了哪些协议，默认启用的是"命名管道"和"TCP/IP"协议。选择"TCP/IP"协议，单击"属性"按钮，可以检查 SQK Server 服务默认端口的设置，如图 8-8 所示。一般而言，默认使用的是 1433 端口。如果选择"隐藏服务器"，则意味着客户端无法通过枚举服务器来看到这台服务器，可以起到保护的作用，但不影响连接。

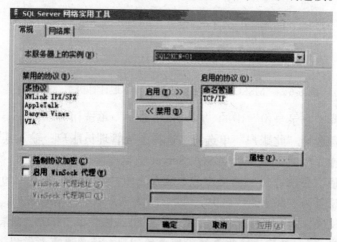

图 8-7   SQL Server 网络实用工具

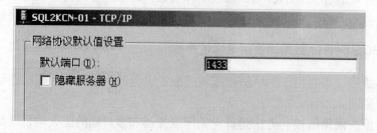

图 8-8   服务器端 TCP/IP 端口设置

（5）检查客户端的网络配置。方法是在客户端，启动 SQL Server 自带的"客户端网络实用工具"，如图 8-9 所示。在"常规"选项卡中，可以看到客户端启用了哪些协议。为了和服务器端一致，应该启用"命名管道"以及"TCP/IP"协议。选择 TCP/IP 协议，单击"属性"按钮，可以检查客户端默认连接端口的设置，该端口必须与服务器一致。

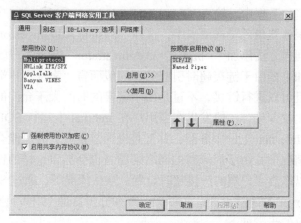

图 8-9　SQL Server 客户端网络实用工具

如果连接故障是由登录账户引起的，这是由于 SQL Server 使用了"仅Windows"的身份验证方式，因此，用户无法使用 SQL Server 的登录账户（如 sa）进行连接。排除故障的方法是修改 SQL Server 服务器的登录认证模式为"混合（SQL Server 和 windows）模式"，相关内容请参见第 4 章内容。这里可能遇到的问题是，由于认证模式的问题，无法使用企业管理器等工具连接到 SQL Server 服务器，此时，可以通过修改注册表来达到同样的目的，方法如下。

（1）单击"开始"菜单，选择"运行"项，打开"运行"对话框，在其中输入"regedit"，启动注册表编辑器。

（2）依次展开注册表项："HKEY_LOCAL_MACHINE\SOFTWARE\Microsoft\MSSQLServer\MSSQLServer"。

（3）在右边的窗格中找到"LoginMode"，双击它，打开"编辑双字节值"对话框，将"数值数据"修改为"2"，如图 8-10 所示。

　　提示：　"1"表示使用"Windows 身份验证"模式，"2"表示使用"混合模式（Windows 身份验证和 SQL Server 身份验证）"。

图 8-10　"编辑双字节值"对话框

（4）关闭注册表编辑器，重新启动 SQL Server 服务。

如果用户可以成功地使用 SQL Server 登录账户（如 sa）连接服务器，但是无法使用 Windows 身份验证模式来连接服务器，这是因为在 SQL Server 中有两个默认的登录账户 "BUILTIN\Administrators" 和 "<机器名>\Administrator" 被删除了。要恢复这两个账户，可以使用以下的方法。

（1）打开 SQL-EM，展开服务器组，然后展开服务器。

（2）展开"安全性"，右击"登录"，然后单击"新建登录"。

（3）在"名称"框中，输入 "BUILTIN\Administrators"。

（4）在"服务器角色"选项卡中，选择 "System Administrators"。

（5）使用同样方法添加 "<机器名>\Administrator" 登录账户。

连接故障如果是由于链接超时引起的，一般而言，表示客户端已经找到了这台服务器，并且可以进行链接，不过是由于链接的时间大于允许的时间而导致出错。这种情况比较少见，一般发生在当用户在 Internet 上运行 SQL-EM 来注册另外一台同样在 Internet 上的服务器，并且是慢速链接时，有可能会导致以上的超时错误。有些情况下，由于局域网的网络问题，也会导致这样的错误。要解决这样的错误，可以修改客户端的链接超时设置。默认情况下，通过 SQL-EM 注册另外一台 SQL Server 的超时设置是 4 秒，而查询分析器是 15 秒。修改 SQL-EM 中的"链接"设置的步骤如下。

（1）在 SQL-EM 中，选择菜单上的"工具"，再选择"选项"。

（2）在弹出的 "SQL Server 企业管理器属性"对话框中，单击"高级"选项卡。

（3）在"连接设置"下的"登录超时（秒）"右边的框中输入一个比较大的数字，如 30，如图 8-11 所示。

在"查询分析器"修改"连接设置"的方法如下。

（1）启动"查询分析器"，在菜单栏中选择"工具"，再选择"选项"项，打开"选项"对话框。

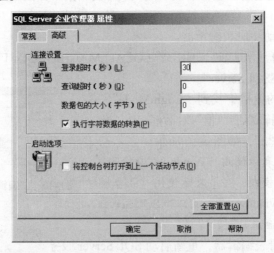

图 8-11　连接超时设置

（2）选择"连接"选项卡，将"登录超时"设置为一个较大的数字（如 45），如图 8-12 所示。

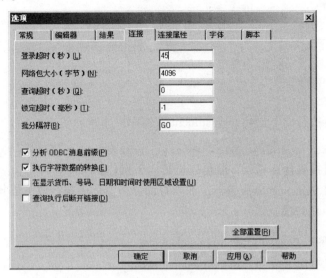

图 8-12 查询分析器中的连接超时设置

3. "置疑"数据库的修复

如果通过 SQL-EM 连接数据库服务器，发现某个数据库被标记为"置疑"，这往往是由于数据库的主数据（MDF）文件完好，而丢失了日志（LDF）文件。此时，可以利用 MDF 文件来恢复数据库，操作步骤如下。

（1）分离被质疑的数据库。使用"企业管理器"中的"分离数据库工具"，或者用存储过程 sp_detach_db 分离数据库。

（2）利用 MDF 文件，附加数据库，生成新的日志文件。使用 SQL-EM 中的"附加数据库"工具，或者用存储过程 sp_attach_single_file_db 附加数据库。

如果使用以上方法，恢复数据库成功，说明数据库的日志文件中不含有活动事务；反之，如果系统提示"数据库和日志文件不符合，不能附加数据库"的错误信息时，说明数据库的日志文件中含有活动事务，恢复数据库失败。此时，可按照以下步骤修复数据库（以数据库 student 为例说明）。

（1）停止 SQL Server 服务器。

（2）把数据库主数据 student.MDF 文件移动到其他位置。

（3）启动 SQL Server 服务器，新建一个同名的数据库 student。

（4）停止 SQL Server 服务器，用原来的 student.MDF 文件覆盖新生成的同名文件。

（5）启动 SQL Server 服务器，把 student 数据库设为"紧急模式"。要做到这一点，需要修改系统表，但在默认情况下，系统表是不能随便修改的，所以必须首先修改系统表的设置，使其可以被修改，方法是在"查询分析器"中执行以下语句。

```
Use Master
Go
sp_configure 'allow updates',1
reconfigure with override
Go
```

然后，再执行以下语句，把 student 数据库设为紧急模式。

```
update sysdatabases set status=32768 where name='student'
```

如果没有报告什么错误，就可以进行以下操作。

（6）重启 SQL Server 服务器，在"查询分析器"中执行以下语句，把数据库 student 设为单用户模式。

```
Sp_dboption 'student', 'single user', 'true'
```

（7）再执行以下语句，检查数据库 student。

```
DBCC CHECKDB('student')
```

（8）如果没有问题，再执行以下语句，把数据库的状态改回去。

```
update sysdatabases set status=28 where name='student'
sp_configure 'allow updates',0
reconfigure with override
Go
```

（9）新建一个数据库 student 1，使用"数据库导入/导出"工具，把 student 数据库中的数据库对象导入到 student 1 中。

（10）再使用"数据库导入/导出"工具，把 student 1 中的数据库对象导入到 student 中，最后删除 student 1 数据库。到此为止，数据库 student 就完全恢复。

8.2　语句失败处理

学习目标

- 了解语句执行失败的原因
- 掌握利用"@@ERROR"对象检测语句失败的方法
- 掌握语句失败处理的方法

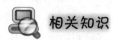 相关知识

1. 常见语句失败的情况

以数据库 student 为例说明在对数据进行操作的过程中有可能会出现的错误。例如，表 sc 中有学号（sno）、课称号（cno）和成绩（score）3 列，其中学号列的数据必须是在表 s 中存在的学号，同样课程号列的数据也必须是表 c 中存在的课程号。假如在选课表中插入一行数据，它的学号是不存在的，看一下会出现什么情况。

【实例 8-1】　在表 sc 中插入一行非法的选课数据。在查询分析器中输入 SQL 语句并执行。如果表 s 中不存在学号为 "1010" 的学生，则插入操作将失败，如图 8-13 所示。

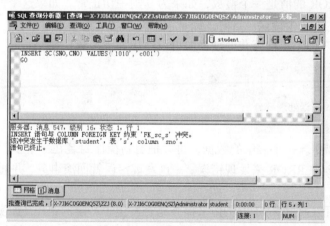

图 8-13　插入非法数据

在 SQL Server 2000 中，内置了一个错误对象，它具有一些可访问的属性，用来指示错误的发生以及错误的相关信息，这些信息包括：

（1）错误编号，对不同错误来说，错误号是唯一的，如实例 8-1 中的 "消息 547"。

（2）错误描述或错误消息字符串，这是错误对应的关于错误原因的描述信息，SQL Server 2000 能够替换字符串中的值，使消息内容更加丰富。例如，"tablename 更新失败" 这条消息，每次调用时 tablename 被换为实际表名。每个错误的描述是唯一的。例如，实例 8-1 中的 "INSERT 语句与 COLUMN FOREIGN KEY 约束 'FK_sc_s' 冲突。该冲突发生于数据库 'student'，表 's'，column 'sno'"。

（3）严重度，用来表示错误的严重程度。小数字（2 及其以下值）是级别低的错误或者警告，而较大的数字则是相对比较严重的错误，它将阻止任务的执行。

例如，实例 8-1 中的"级别 16"。

（4）状态代码，当 SQL Server 2000 中有多个地方发生了同一种错误时，使用状态代码。每次发生错误时，向错误消息赋一个唯一的状态代码，帮助用户诊断错误。例如，实例 8-1 中的"状态 1"。

（5）过程名称，如果错误是在执行存储过程中发生的，则该项的值被填充。例如，实例 8-1 中的"服务器"。

（6）行号，指示存储过程中和语句中发生错误的行号。例如，实例 8-1 中的"行 1"。

2. 语句失败的检测与处理

1）@@ERROR 对象的作用

SQL Server 2000 中，用户通过检查@@ERROR 的值来确定是否已经发生错误。@@ERROR 的值是一个整数，如果为 0 则一切正常。如果这个值不为 0，则表示已经发生了一个错误。这时，通常需要对出现的错误进行处理。

使用@@ERROR 检查并处理错误可以使用如下形式：

```
IF @@ERROR<>0
BEGIN
  --错误处理部分
END
```

例如，要更新一个表中的数据，可以把更新操作封装在一个事务内，并且在事务中使用@@ERROR 来发现错误。一旦发现错误就回滚事务，并通知用户发生了一个错误。

当然也可以通过@@ERROR 来检查是否发生了特定的错误。如实例 8-1 中在选课表中插入一条记录，为了避免所插入的学生学号 SNO 不存在，可以检查@@ERROR 的值是否等于 547，这是一个外键约束错误。发现后可以返回特定的信息，说明发生错误的原因以及修正错误的方法，这样可以帮助用户更好地使用数据库系统。

提示：每执行一个新的 SQL 语句后，@@ERROR 的原值都会被清除，而代之以新的值，因此对@@ERROR 值的检查必须及时。

2）语句失败的处理

前面说明了错误是怎么发生的，以及怎样发现错误。当然一旦发生错误，应该采取有力的措施来防止错误造成严重后果。一般情况下，在错误发生后应该采取如下一些错误处理方法。

（1）放弃任务。当任务产生一个能够捕获到的错误时，首先应该撤销到目前为止所做的修改，这能够确保数据一致性。这是最常用的处理方法。

（2）立即退出或尝试继续执行。当捕获一个错误后，可以立即退出命令的执行或者尝试继续执行。如果错误只是一个低级警告或者不影响性能，则可以继续执行。否则，就应该在发生错误时退出。

（3）向用户发送消息解释错误原因。尽管数据库管理人员和开发人员能够看懂 SQL Server 2000 内部返回的错误消息，但是对一般用户来说这一消息通常没有太大用处。因此，应该向用户返回解释后的错误信息。

 操作步骤

以下，通过实例，说明如何检测语句失败的发生及语句发生后的处理方法。

首先，编写存储过程 SCInsert，它的功能是向表 sc 中插入一条学生的选课信息。在查询分析器中输入 SQL 语句并执行，如图 8-14 所示。

图 8-14 存储过程 SCInsert

分析：

（1）在数据库 student 中，存储过程 SCInsert 的功能是插入一个学生的选课信息，它有两个参数@sno 和@cno，分别表示学生的学号和选课的课程号。

（2）在存储过程 SCInsert 中，定义局部变量@Error 用来保存 SQL Server 2000 返回的错信息。这里不直接使用@@ERROR 来判断是否发生错误，原因是 @@ERROR 的值在每个 SQL 语句执行后，都会发生改变。

（3）存储过程一开始，显式地启动一个事务，然后在表 sc 中插入一行。如果没有发生错误，则提交事务并显示插入成功的信息。如果插入出现错误，则回滚事务。同时根据错误原因，显示不同的插入失败信息，帮助用户发现和纠正错误。

假设在表 s 中存在学号为"1001"的学生信息，表 c 中存在课程号为"c001"的课程信息，且表 sc 中不存在学号为"1001"、课程号为"c001"的学生，执行上述存储过程，执行结果如图 8-15 所示。

图 8-15　正常的插入

如果表 s 中不存在学号为"1010"的学生信息，或表 c 中不存在课程号为"c010"的课程信息，执行上述存储过程，结果如图 8-16 所示。

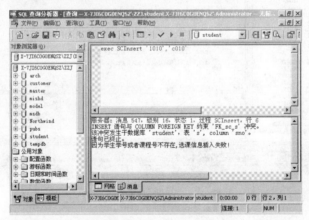

图 8-16　错误的插入

8.3　介质失败处理

8.3.1　驱动器故障处理

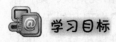 学习目标

➢　了解硬盘驱动器故障处理的方法

> ➢ 了解软盘驱动器故障处理的方法
> ➢ 了解光盘驱动器故障处理的方法

 相关知识

1. 硬盘驱动器故障与处理

（1）系统不识别硬盘。

原因及解决方法：硬盘损坏，需维修检测。

（2）系统无法启动且屏幕显示 HDD（硬盘驱动器）错误。

原因：系硬盘驱动器连接线缆可能损坏或者未连接好。

解决方法：关闭系统，检查硬盘驱动器线缆并重新插好，重新打开系统，尝试清除 CMOS。

（3）系统不启动，但有滴答音。

原因：硬盘驱动器连接线缆可能损坏或者未连接好，驱动器可能损坏。

解决方法：关闭系统，检查硬盘驱动器线缆并重新插好，重新打开系统。

（4）系统启动成功，但从硬盘驱动器传出噪声。

原因：硬盘驱动器连接线缆可能损坏或者未连接好，硬盘驱动器出现问题。

解决方法：关闭系统，检查硬盘驱动器线缆并重新插好，重新打开系统。

（5）操作系统无法启动。

原因：操作系统出现问题。

解决方法：开机时按【F8】键进入安全模式尝试系统还原，修复安装操作系统（仅 Windows XP），重新安装操作系统。

（6）在 Windows 中操作时系统死机。

原因：操作系统出现问题。

解决方法：开机时按【F8】键进入安全模式尝试系统还原，修复安装操作系统（仅 Windows XP），重新安装操作系统。

（7）系统继续工作，但在操作时发生硬盘驱动器错误。

原因：硬盘驱动器出现问题，操作系统出现问题。

解决方法：修复安装操作系统（仅 Windows XP），重新安装操作系统。

（8）读取硬盘时系统死机。

原因：硬盘驱动器出现问题。

解决方法：备份数据，运行 CHKDSK；检查并修复磁盘错误。

（9）系统蓝屏且显示可能硬盘出现问题。

原因：硬盘驱动器出现问题，操作系统出现问题。

解决方法：修复安装操作系统（仅 Windows XP），重新安装操作系统。

（10）系统运行快速或完全 DST（硬盘自检）发生错误。

原因：硬盘驱动器出现问题，操作系统出现问题。

解决方法：修复安装操作系统（仅 Windows XP），重新安装操作系统。

2. 软盘驱动器故障与处理

（1）现象一：读/写正常，但更换软盘后，显示的仍是第一张盘内容，不识第二张盘，在执行别的操作后，再回到软驱才能识别。

原因及解决方法：第一张盘片一切正常，说明此软驱的步进、寻道、读、写电路正常，但换盘后却不能识别，此时应考虑是换盘机构发生故障。当软盘插入后，会插入到检测器中的光电耦合管中间，光电耦合管便会发出换盘信号，软驱的微处理器接收信号，完成换盘工作。若软盘检测器的挡光片不在正确位置时，就会导致刷新信号不能送出，软驱不能做好读/写准备。

将软驱拆下，把零磁道检测光电传感处的灰尘污物清扫干净，若仍不见效，就再检查一下弹盘导杆是否复位良好，用脱脂棉蘸工业酒精将弹盘导杆和磁头小车导杆上的污物清洗干净，涂上少许机油，使其润滑，故障即可排除。

（2）现象二：工作不稳定，偶尔能正常读盘，大部分时候出现错误，并且伴有噪声。

原因及解决方法：因为软驱有噪声，可初步判定为机械故障。打开软驱查看一下机械部分，重点是磁头加载结构，发现磁盘与磁头产生相对滑动，造成磁头定位不准，并且发出噪声，进而发现调节磁头与磁盘间距的螺钉松动，反复调整螺钉位置，使磁头与盘片间距适中即可。

（3）现象三：在排除软盘损坏的情况下，软驱不能读/写软盘，且系统提示“General Failure reading drive A”。

原因及解决方法：软驱磁头脏了和磁头偏移或损坏都可产生此种故障，首先用毛刷清除磁头表面尘土，然后用酒精棉球反复擦洗磁头的上下表面，直到棉球上无明显的痕迹。若不见效就可能是磁头偏移或损坏了，打开机箱，卸下软驱，用手轻压软驱的磁头臂，若读/写操作恢复正常，则说明是磁头偏移产生的这种故障。原因是磁头臂上的弹簧发生了变形，造成对磁头臂施加的压力不够，使磁头定位不良。重新换一个弹簧或在弹簧下加一垫圈以增大压力，即可排除故障。以上处理方法都不能解决问题的话，那就是磁头损坏了。

（4）现象四：开机后，软驱指示灯常亮。

原因及解决方法：这是软驱数据线接反造成的，解决方法是，关机后颠倒数据线与软驱的连接方向。

3. 光驱故障与处理

（1）现象一：开机检测不到光驱或者检测失败

原因及解决方法：这有可能是由于光驱数据线接头松动或光驱跳线设置错误引起的，首先应该检查光驱的数据线接头是否松动，如果发现没有插好，就将其重新插好、插紧。如果这样仍然不能解决故障，可以找来一根新的数据线换上试试。这时候如果故障依然存在的话，就需要检查一下光盘的跳线设置了，如果有错误，将其更改即可。

（2）现象二：光驱工作时硬盘灯始终闪烁

原因及解决方法：硬盘灯闪烁是因为光驱与硬盘同接在一个 IDE 接口上，光盘工作时也控制了硬盘灯的结果。可将光驱单元独接在一个 IDE 接口上。

（3）现象三：光驱无法正常读盘，屏幕上显示"驱动器 X 上没有磁盘，插入磁盘再试"，但不久又不读盘。

原因及解决方法：在此情况下，应先检测病毒，用杀毒软件进行对整机进行查杀毒，如果没有发现病毒可用文件编辑软件打开 C 盘根目录下的"CONFIG.SYS"文件，查看其中是否配置了光盘驱动程序，检查光盘驱动器程序是否安装，并进行处理，还可用文本编辑软件查看"AUIOEXEC.BAT"文件中是否有"MSCDEX.EXE/D:MSCDOOO /M:20/V"。若以上两步未发现问题，可拆卸光驱维修。

（4）现象四：光驱使用时出现读/写错误或无盘提示

原因及解决方法：这种现象大部分是在换盘时还没有就位就对光驱进行操作所引起的故障。对光驱的所有操作都必须要等光盘指示灯显示为就好位时才可进行操作。

（5）现象五：光驱在读数据时，有时读不出，并且读盘的时间变长

原因及解决方法：光驱读不出盘的硬件故障主要集中在激光头组件上，且可分为两种情况。一种是使用太久造成激光管老化；另一种是光电管表面太脏或激光管透镜太脏及位移变形。所以在对激光管功率进行调整时，还需对光电管和激光管透镜进行清洗。

光电管及聚焦透镜的清洗方法是拔掉连接激光头组件的一组扁平电缆，记住方向，拆开激光头组件。这时能看到护套罩着激光头聚焦透镜，去掉护套后会发现聚焦透镜由四根细铜丝连接到聚焦、寻迹线圈上，光电管组件安装在透镜正下方的小孔中。用细铁丝包上棉花蘸少量蒸馏水擦拭（不可用酒精擦拭光电管和聚焦透镜表面），并查看透镜是否水平悬空正对激光管，否则需适当调整。至此，清洗工作完毕。

调整激光头功率。在激光头组件的侧面有 1 个像十字螺钉的小电位器。用色笔记下其初始位置，一般先顺时针旋转 5°～10°，试机不行再逆时针旋转 5°～10°，直到能顺利读盘。注意切不可旋转太多，以免功率太大而烧毁光电管。

8.3.2　文件故障处理

学习目标

- ➤　了解文件故障处理的方法
- ➤　了解文件故障的分类

相关知识

1. 分类

文件出现故障主要包括两大类：逻辑故障和硬件故障，相对应的恢复也分别称为逻辑恢复和硬件恢复。

（1）硬件故障：如磁带机（Tape drive）、磁带库（Tape librarie）、磁盘阵列（disk array）和其他硬件出现故障。

（2）逻辑故障的表征现象为：无法进入操作系统、文件无法读取、文件无法被关联的应用程序打开、文件丢失、分区丢失、乱码显示等。事实上，造成逻辑数据丢失的原因十分复杂，每种情况都有特定的症状出现，或者多种症状同时出现。一般情况下，只要数据区没有被彻底覆盖，那么都是可以顺利恢复的。

2. 常见故障的处理方法

1）误删除

由于误操作而引起的文件丢失，对于这类故障，有着很高的数据恢复成功率。即使后期执行过其他操作，也有希望将数据找回。

2）误格式化

用户在系统崩溃后，忘记硬盘中（一般是 C 盘）还有一些重要资料，然后格式化并重装系统，这种情况也可以恢复。

3）误分区、误复制

在使用 PQ Magic 及 Ghost 时，由于用户的误操作而导致数据丢失，这类逻辑故障也可以恢复数据，不过恢复难度相对较大。

4）病毒破坏

病毒破坏数据的概率是很大的，它破坏数据的方式有多种：第一是将硬盘的分区表改变，使得分区丢失；第二是删除文件，主要破坏 word、excel、jpg、mpg 等这几种类型文件，如最新的"移动杀手"便全面删除硬盘中的 Word 文档，造成很大的破坏力。对于病毒破坏引起的数据丢失，相关的软件有着很高的恢复成功率。

本章习题

1. 在 SQL Server 2000 安装过程中常见的故障有哪些，引起这些故障的原因是什么？

2. 在一台已安装 SQL Server 2000 的计算机上，打开注册表，观察 SQL Server 2000 在注册表中的注册项，分析它们的作用。

3. 说明 Windows 系统管理员和 SQL Server 2000 登录账号之间的关系。

4. 当数据库服务器连接失败时，如何确定是软故障还是硬故障？

5. 在 SQL Server 2000 数据库服务器和客户端上，分别使用服务端网络配置工具和客户端网络配置工具，分析如何保证服务器端和客户端网络配置的一致。

6. 简要叙述在 SQL Server 2000 中，修复"置疑"数据库的一般过程。

7. 在 SQL Server 2000 中，常量 @@ERROR 的作用是什么？

读者意见反馈表

书名：数据库系统管理实务　　　　编著：计算机应用职业技术培训教程编委会　　　　策划编辑：关雅莉

谢谢您关注本书！烦请填写该表。您的意见对我们出版优秀教材、服务教学都十分重要。如果您认为本书有助于您的教学工作，请您认真地填写表格并寄回。**我们将定期给您发送我社相关教材的出版资讯或目录，或者寄送相关样书。**

个人资料

姓名_____年龄____联系电话_____（办）_____（宅）_____（手机）

学校_____专业_____职称/职务_____

通信地址_____邮编_____E-mail_____

您校开设课程的情况为：

本校是否开设相关专业的课程　□是，课程名称为_____　□否

您所讲授的课程是_____课时_____

所用教材_____出版单位_____印刷册数_____

本书可否作为您校的教材？

□是，会用于_____课程教学　　□否

影响您选定教材的因素（可复选）：

□内容　　　□作者　　　□封面设计　　□教材页码　　　□价格　　　□出版社

□是否获奖　□上级要求　□广告　　　　□其他_____

您对本书质量满意的方面有（可复选）：

□内容　　　□封面设计　　□价格　　　□版式设计　　　□其他_____

您希望本书在哪些方面加以改进？

□内容　　　□篇幅结构　　□封面设计　　□增加配套教材　　□价格

可详细填写：_____

_____

您还希望得到哪些专业方向教材的出版信息？

_____

感谢您的配合，可将本表按以下方式反馈给我们：

【方式一】电子邮件：登录华信教育资源网（http://www.hxedu.com.cn/resource/OS/zixun/zz_reader.rar）下载本表格电子版，填写后发至 ve@phei.com.cn

【方式二】邮局邮寄：北京市万寿路 173 信箱华信大厦 902 室 中等职业教育分社 （邮编：100036）

如果您需要了解更详细的信息或有著作计划，请与我们联系。

电话：010-88254475；88254591

反侵权盗版声明

　　电子工业出版社依法对本作品享有专有出版权。任何未经权利人书面许可，复制、销售或通过信息网络传播本作品的行为；歪曲、篡改、剽窃本作品的行为，均违反《中华人民共和国著作权法》，其行为人应承担相应的民事责任和行政责任，构成犯罪的，将被依法追究刑事责任。

　　为了维护市场秩序，保护权利人的合法权益，我社将依法查处和打击侵权盗版的单位和个人。欢迎社会各界人士积极举报侵权盗版行为，本社将奖励举报有功人员，并保证举报人的信息不被泄露。

举报电话：（010）88254396；（010）88258888

传　　真：（010）88254397

E-mail：　dbqq@phei.com.cn

通信地址：北京市万寿路 173 信箱

　　　　　电子工业出版社总编办公室

邮　　编：100036